From the Very Beginning

寶寶的第一個春夏秋冬

從零歲開始培養未來的競爭優勢

自序 從零歲開始
培養未來的競爭優勢

郭純育

「培養未來的競爭優勢就從零歲開始！」看到這樣的標題，很容易讓人聯想到潛能開發或是才藝培訓的廣告語，在多年小兒科的執業經驗裡，不少孩子連看病都要和補習班搶時間，在滿滿的行程背後，是父母對孩子在未來不落人後的期待。

如果問我培養未來競爭優勢的時機，我也會回答是從零歲開始，甚至是更早的胚胎時期，只不過胚胎時期養成的是先天的生理條件，而出生後的第一年，也就是我們所謂的「零歲」，則是後天養成的關鍵時刻，而養成的重點當然在於健康的管理，因為健康的身體是學習的最大後盾，也是未來漫長的人生路上，最能持久的競爭優勢。

從出生到3歲，是人體發育的第一個黃金時期，尤其是第一年，不僅是成長幅度最大的階段，更是奠定健康根基的重要時刻，在這一年裡，孩子要從無行動能力到獨立行走；從無意識發聲到牙牙學語；從懵懵懂懂到具有自我主張；從依賴母親抗體到自我免

疫系統形成；甚至是從哺乳到咀嚼的飲食方式，都影響著日後的成長發育，只要其中的一個環節鬆脫，就需要花費加倍的時間修補，所以，從零歲開始打好健康的根基，對於將來的成長與學習都有加乘的助益。

零到十二個月的生理發展有四個主要關鍵：生理成長、動作、疾病預防、健康習慣。

成長曲線的關鍵：從有形的統計到無形的發展階段，在這一年裡都有重要的指標來觀察孩子的狀態，有形的如可以測量的身高、體重、頭圍等，而父母無法自行測量卻可以觀察的發展，如視覺、聽覺、觸覺等，還有更抽象的智能、情緒、社會行為、表達能力等，這些對孩子相當重要的發展都在這一年建構基礎，本書針對各階段描述可測量或可觀察的指標，在消極面是藉此觀察孩子是否異常，早期發現，早期治療，以期能收到最大的復原效果；而積極面則在於如何幫助孩子更健全的發展，不論是從環境、遊戲的刺激，或是營養方面的能源提供，都是希望孩子把握這關鍵的一年，獲得最好的成長資源及空間。

動作能力的關鍵：孩子在這一年必須強化頸椎、四肢來支撐自己的身體，也會從大動作向小動作發展，更必須從自我保護的反射行為逐漸由自主意識主導行動，透過緊緊相繫的動作環節，慢慢地從平躺到抬頭，翻身到坐起，最後由爬行到自己走路，環環相扣。行動能力同時也影響著各種感官知覺，例如從平面到立體的視覺變化，追隨物體、取物的手眼協調等，每一階段的動作發展，不只是身體能力的增強，更是腦部控制、協調能力提升的證據，甚至是腦部發育的觀察指標。父母除透過本書瞭解孩子肢體動作的發展階段外，更可以經由按摩、運動、遊戲的親子活動參與孩子的成長。

疾病預防的關鍵：孩子從出生到六個月大，體內尚有母親抗體的保

護，之後逐漸轉移至自我免疫系統。在出生的第一年，是孩子神速發展的階段，需要父母細心的觀察與保護，尤其是要多加利用健康檢查，確保孩子的正常發育，更要將預防注射納入必定排程，據估計全台每年約有5_10%的兒童未完成預防接種，容易形成防疫網絡的漏洞，對孩子而言，多了這一層的防護，可以免於許多傳染疾病的威脅。為方便父母查閱，書中統整健保給付的健康檢查，以及預防注射的簡要資訊，還增加幾項自費注射以供參考。

健康習慣的養成關鍵：零歲的孩子在飲食型態方面，經歷從吸吮到咀嚼的重大轉變，在離乳的過程中，不只是體內的消化系統隨著食物適應、調整，日後飲食的概念與習慣也藉此逐漸成形。在這一年，父母（或餵食者）的態度相當重要，有些人急於餵食，讓孩子常在催促下進食，長久下來，容易造成未充分咀嚼即吞嚥的習慣，種下日後肥胖或消化系統疾病的因子，也有人總是得追著孩子餵食，吃東西不專心，以後容易形成體內脹氣，種種細微的重作慢慢匯流成習慣，也決定孩子未來的健康型態。此外，食物調味也很重要，太鹹或太甜等重口味不僅會影響孩子的味覺，更會造成身體的負擔，口味的喜好一但養成，日後很難調整，所以，從第一次接觸食物就要讓孩子習慣原味的甘美。總而言之，從零歲開始為孩子建立細嚼慢嚥、清淡的飲食習慣，養成喜愛運動、早睡早起等生活習慣，將是孩子未來有效學習、神采奕奕的重要起點。

我們常可以在飽足、健康的孩子身上看見快樂的笑顏，不論你是不是新手父母，希望本書的完成，對爸爸、媽媽和零歲寶寶而言，是本具有雙邊效益的手邊書，陪伴走過彼此生命中的第一個春夏秋冬，而「健康」與「快樂」就是我們對孩子的衷心期盼與祝福。

自序
陪伴寶寶成長——
健康最鮮美的調味

　　從事女性健康管理多年，曾和上百位媽媽一起迎接新生命的到來，也陪著她們共同掌握坐月子轉變體質的契機。看著媽媽們在坐完月子後即忙著照顧幼兒，偶因寶寶的不適而到小兒科回診，讓我深深感受到，女性在坐完月子後，接著面對的育兒問題一樣重要，特別是寶寶的第一年，是日後成長的重要關鍵，不論是情緒、習慣、飲食等，都會牽動著寶寶的健康，也牽動著父母的心緒，也因此，和外子郭純育醫師醞釀了合作完成一本關於零歲寶寶健康書的構想，於是有《寶寶的第一個春夏秋冬》問世。

　　時代變遷，物資豐裕，這是常見的老話了，但是以物質滿足為優先的觀念則未見有大幅的改變，而且從這觀念延伸的便利概念正漸漸大行其道，也更方便

女性走出家庭，致使雙薪家庭逐漸普遍。追求便利的生活是必定的趨勢，就像市面上許多與寶寶相關的營養、健康的各類食品或補充劑，確實對忙碌的父母而言是一大幫助，不過，在為寶寶備齊了營養的食材與培養良好習慣的同時，多花一點時間陪伴他們成長，卻是重要的關鍵。

常有父母感到困惑，平時也注意補充均衡的營養，並注意健康習慣的養成，「為什麼我的孩子還常常生病呢？」，又或者感歎「為什麼現在的孩子抵抗力這麼差呢？」，當然也常看到為了孩子的健康疲於奔命的爸媽們，尤其是雙薪家庭　更見心力交瘁，當疲累到極點時甚至會有開始產生怨懟，而「母原病」就此產生了。

「母原病」並不是一種因細菌或病毒感染的疾病，而是母親（或是主要照顧者）的行為表現間接地影響了孩子身心表現的一種疾病。母原病的影響可分生理及心理層面，單純生理性的影響通常發生在哺乳期，顯性的表現在於母親的飲食影響寶寶的生理變化，例如母親愛吃較冷的食物如筍子、白菜等，寶寶的排便易呈水稀狀，這部分症狀容易察覺，只要稍微調整飲食即可獲得改善。較令人擔憂的是隱性的生理影響，如餵奶時（不論母乳或牛奶）母親的情緒不好，太過急躁，致使寶寶易有消化系統方面的疾病，又如母親太過疲勞，容易發脾氣，照顧時太過輕率，寶寶也會容易啼哭、驚嚇，易有神經系統方面的問題，也容易有過敏的現象，而這些情緒上的變化，對忙碌而疲累的人而言，發生的頻率並不低。

母原病影響最大的還是在心理方面，影響的年齡從零歲的寶寶到十歲左右的孩童都有。我們最常在生活上看到例子，如果主要照顧者常保心情愉快，笑口常開，孩子也會常以笑臉迎人，心情輕鬆抵抗力就會增強，比較不容易生病；但當孩子的主要照顧者情緒不穩定，甚至易怒、

暴躁、不安、焦慮、緊張，不但會影響孩子日後EQ的發展，也會影響孩子的健康，如經常性的嘔吐、腹瀉、情緒不穩定等症狀。

　　換句話說，若將寶寶的健康比喻為一道美食，主要素材當然是飲食及生活習慣，而寶寶在成長時感覺有人陪伴、情感上依附的滿足等等，卻是健康最鮮美的調味。用「調味」來比喻親子感情的依附，或許有人會覺得那不就是可有可無，其實不然，這道健康佳餚的完成，情感調味是最具有畫龍點睛之效，且最具智慧與哲學的一環。如果放太多，也就是過度擔心、緊張，容易讓寶寶失去健康的原味，無法獨立；放太少，也就是太過冷漠，容易讓寶寶喪失安全感，不足以引出健康的甘甜；放不對時間或是放不對味，不在寶寶需要的時候給予適時的協助與支持，在漫漫的時間洪流中，寶寶的健康也會隨之走樣，日後就要花更多的時間才能找回正軌。

　　所以，這情感的調味究竟要怎麼放？放多少？什麼時候放？什麼人來放？都需要父母從生活中透過關懷、陪伴的觀察機動地調整，隨時給予剛剛好的甜蜜佐料。這本《寶寶的第一個春夏秋冬》就是風車獻給寶寶的健康食譜，加上各位父母親密情感的鮮美調味，降低母原病的發生率，相信一定能烹調出寶寶未來的健康！

目 CONTENTS 錄

嗨！世界，我來了！

當寶寶以一聲嚎啕大哭向世界宣告：「我來了！」，身為父母的你，不論是不是新手，已經做好迎接的準備了嗎？你又打算用什麼樣的形象來面對這獨一無二的寶貝？

以前常說「天下無不是的父母」，象徵父母最高的威權，也點出以往單向的親子關係，只有服從沒有溝通。時代在改變，新世代的父母不再滿足於權威式的親子關係，對於孩子也不再只是「養」而不育，隨著生育率日漸下降，孕育下一代已是質的培養先於量的增加。

要培養優質的下一代，當然要從瞭解開始，因為瞭解寶寶每一階段的發展歷程，才能給予適時的協助與刺激，培養健康資優的下一代；也才能在寶寶出現狀況時，掌握改善的黃金時間，讓寶寶得到最好的照顧，而不會因認識不足而留下遺憾。

本書以「春」、「夏」、「秋」、「冬」四個部分來談論零到十二個月寶寶的生理、飲食、運動及狀況處理：

「春之卷」，代表新芽初萌的「生之喜」，談的是「初生」。每一個生命都像一本待閱讀的神秘書，是亟待父母探索的新世界，本卷將談論寶寶成長曲線的奧妙、各項身體機能、智能學習、肢體動作，如何在一年內快速地發展，還有各種感官知覺的強化過程，透過對寶寶生理、智能狀況的瞭解，父母更能在第一時間抓住寶寶每一階段的成長契機。

「夏之卷」，代表動能熱力的「食之悅」，談的是「哺餵」。對剛出生的寶寶而言，「吃」是生命中最重大的事情；而另一方面對父母而言，因為出生後的第一

012

年，是寶寶成長最快速的時期，給予寶寶充分、適當的成長能源，是最重要的健康關鍵，所以，本卷將談論對寶寶最有幫助的母奶，還有離乳、長牙、特殊飲食料理等重要階段的營養原則和美味的簡易食譜。

「秋之卷」，代表緊密相隨的「愛之深」，談的是「親密／互動」。現代父母雙薪家庭比例增高，和寶寶相處的時間也相對地縮短，然而，對零到十二個月，甚至是三歲的寶寶而言，是最需要親人陪伴的時期，許多情感、人際互動模式的雛型，也在這幾年大致底定，所以，既然無法時時刻刻陪著孩子成長，那麼，更要將短暫的時間濃縮為高品質的親子互動，本卷談的就是親子間的親密接觸，從按摩、運動到遊戲，讓父母們在與寶寶緊密相處的同時，也能給予他生理上的刺激與心理上的滿足。

「冬之卷」，代表關懷疼惜的「護之切」，談的是「呵護」。一歲寶寶還沒有足夠的能力讓自己免於病痛，甚至也無法表達身體與情緒上的不適，所以，父母要適時地擔任「救火員」的工作，不只是提供寶寶健康的環境，更要在最關鍵時刻避免疾病的感染，以及減輕痛苦。本卷從事先預防的健康檢查、免於疾病的預防注射，談到常見症狀的處理，讓寶寶免於無可挽救的危險以及傷害。

在成長的過程中，生命最初的十二個月或許對多數人而言已不復記憶，但其影響卻是既深且遠，身為父母，尤其是現今台灣的人口成長有少子化的趨勢，培養優質的下一代已是不可擋的潮流，而「健康」更是一切優質教養的基礎，擁有健康才能有高品質的學習，以及無人可取代的競爭力。

父母難為，也因此必須投注更多的心力在孩子身上，本書希望透過全面性的陳述，給予父母一個入門的指引，做為養育零到十二個月寶寶的成長發育指南，在為人父母者心中有著疑惑時，提供一個問題探索的工具。更重要的是，能夠陪伴著父母和寶寶一起走過這生命最初的春、夏、秋、冬，共同分享成長的快樂與驚喜。

春之卷
Volume 1
初生

嬰仔嬰嬰睏，一暝大一寸；嬰仔嬰嬰惜，一暝大一尺。

（台灣童謠 節錄自盧雲生作詞「搖嬰仔歌」）

第一章 生理及感官知覺發展

成長曲線——解讀寶寶手冊之一

●身高

　　剛出生的寶寶大約五十公分上下，前三到四個月是身高成長最快速的時期，四個月之後速度減緩，到一歲大的時候，身高約為出生時的一點五倍，也就是說這一年長高大約二十五公分，但成長的速度因人而異，不一定每個寶寶都會依此發展，而且嬰兒期的高矮，與日後的身高未必有絕對關係，除非寶寶的身高持續低於成長曲線的百分之三或高於百分之九十七，才需要特別諮詢小兒科醫師。

■幫寶寶量身高

自己在家測量身高（寶寶還無法自行站立時）
步驟1. 讓寶寶平躺，頭部抵住固定物（柱子或牆壁）。
步驟2. 全身拉直，腳底頂住平面的物體（如箱子）
步驟3. 測量二者之間的距離（注意量尺不要歪斜，以免失準）。

（可將結果記錄在「兒童健康手冊」裡的生長記錄表格中）

●體重

　　體重是成長與健康的重要指標，初生寶寶的體重平均約三公

斤，三到四個月後體重會增加一倍，到一歲時，體重已是出生時體重的三倍。剛出生的寶寶會有體重下降的現象，這是因為消化系統還在適應新的進食方式，食量不多，而且體內的水分不斷地隨著排尿、排汗、呼吸等方式排出，所以體重減輕，這種情況以出生後二到三天最明顯，但之後會慢慢恢復，八至十天大時便能回復到出生時的體重，之後開始一生中發育最旺盛的時期，一直到寶寶開始爬行、學步時期，因為活動量劇增，會有體重減輕的現象，甚至食慾略差，只要精神狀況良好就無妨。

■體重檢測表

體重指標	可能情形	處理方式
出生時體重過低 （低於二點五公斤）或過重（高於四點二公斤）	抵抗力較弱	要注意感染預防
體重減輕約二週後卻遲遲未見回升滿四個月時體重還未到達出生時的二倍	是否乳汁不足吸吮狀況不佳消化系統功能不佳	諮詢兒科醫師
體重增加速度快	仍在標準內	不需刻意節制飲食
	增加的曲線明顯地持續陡升	漸進式控制飲食多運動

Doc.'s reminder
醫・師・小・叮・嚀

■注意別讓寶寶過重了！

學步期的寶寶，體重太重，雙腳將無法負荷身體的重量，會影響學步情形，到時候就得先減肥才能順利學會走路，這對寶寶而言是相當辛苦的，與其事後減肥，不如父母們在事前幫寶寶控制體重。

體重的測量，較無法精準，常會因衣著、飲食、身體狀況而有誤差，例如生病時食欲不佳會造成體重減輕，剛喝完奶時的體重會較重，所以測量的時機最好在寶寶身體狀況良好，而且在沐浴後未著衣物之前，運用寶寶專用的躺臥磅秤，定期測量。如果穿著衣物、尿布時量體重，則要在量出體重後再約略減掉零點三公斤到一公斤（視衣物多寡）。如果只有一般大人所使用體重計，可以由大人先抱著寶寶測量，之後再量出大人的體重相減即可，但是這種方式誤差值較大，而且大人用的體重計刻度較大，無法判讀細小的變化。

● 頭圍及胸圍

頭圍和胸圍的測量，代表對頭部及胸部成長的觀察。一個正常還沒滿月的小孩，他的頭就佔了全身將近四分之一的體積，這種頭大身體小的比例，代表著嬰兒時期腦容量、中樞神經系統和頭顱的正常發育，也因此剛出生的寶寶，頭圍反而大於胸圍約零點五公分左右，而隨肺部的呼吸運動，滿月時二者大約相等，之後胸圍逐漸大於頭圍。部分體型較嬌小的寶寶，出生時頭圍和胸圍會相差一到一點五公分，不過，在三個月後，頭圍通常都會小於胸圍。

測量頭圍時，用捲尺（一般裁衣量身用即可）圈住眉間到後腦突出部分，胸圍則以乳頭的高度為準，測量時要注意維持捲尺的水平。

● 成長曲線圖

在健保局發給寶寶的「兒童健康

手冊」中，都有二頁是「女孩／男孩身體成長曲線圖」，這就是行政院衛生署根據國內零到六歲孩童的生長情形（頭圍的統計到三歲爲止），所製作的成長曲線圖，在圖的下方會註明資料統計的年份。製作曲線圖的目的是要作爲寶寶成長的觀察依據，以百分位方式表示出平均值，只是一個比較性的成長曲線參考，並不是絕對的指標，但是寶寶的成長狀況卻能藉由圖中的成長曲線而更加清楚。

　　每一次寶寶測量完身高、體重、頭圍、胸圍之後，可以在曲線圖中找到相關的位置，每隔一至二個月測量一次，再將結果連成寶寶專屬的成長曲線。記錄成長曲線的目的，除了瞭解寶寶的成長是否在平均值之內，也能透過身高及體重曲線圖的比對來了解幼兒體型的正常與否，不過，在解析成長曲線圖時若發現異常，要先考慮是否有家族遺傳，不要太過緊張，也可以向兒科醫師諮詢。

■百分位數

　　1.曲線圖的橫軸代表寶寶的月齡或年齡，縱軸則代表各數值，如體重（公斤）、身高、頭圍、胸圍（三者皆爲公分），曲線則代表線上或區間內的數值佔百分之多少。

　　2.百分位的意義是將全部的統計數值當做一百從小排到大，如8個月大的孩子，將近七十公分者，在曲線上的落點大約在百分之五十的線上，就表示屬中等身材，低於百分之五十屬較矮小的身材，愈接近一百則代表愈高。其它體重、頭胸圍的百分位數意義也是如此。

　　3.而所謂的正常值指的是介於百分之三（最下面一條曲線）到

百分之九十七（最上面一條曲線）之間，在此區間之外者都屬發育異常。而逐漸偏離原有的百分位曲線，也是值得注意的，如體重原先在百分之四十五，雖然體重逐次增加，但落點卻慢慢地下降到百分之二十，過大的落差可能顯示出寶寶的成長趨緩。

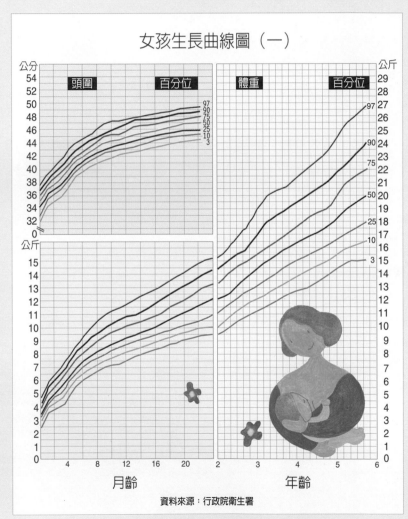

女孩生長曲線圖（一）

資料來源：行政院衛生署

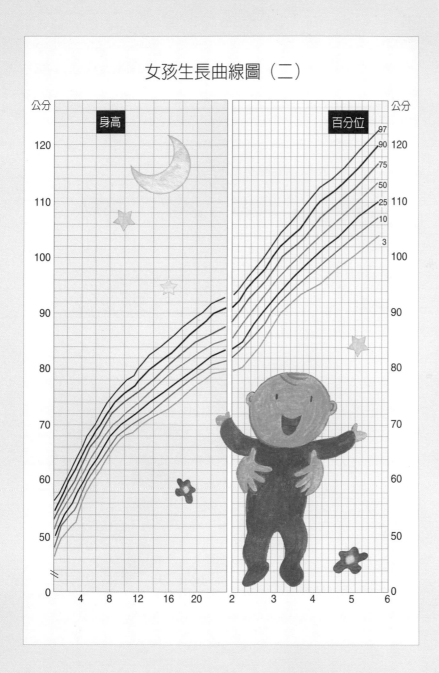

女孩生長曲線圖（二）

■頭圍及胸圍曲線解析

　　1.寶寶的頭部發育在滿一歲前即達成人的百分之七十，因此在大小的變化及差異上並不明顯。頭圍的大小代表腦內容積，水腦症及內部長瘤會形成大頭的現象，大腦萎縮則容易造成小頭的情

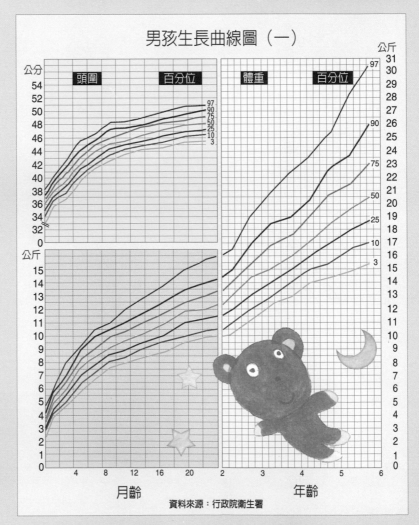

男孩生長曲線圖（一）

資料來源：行政院衛生署

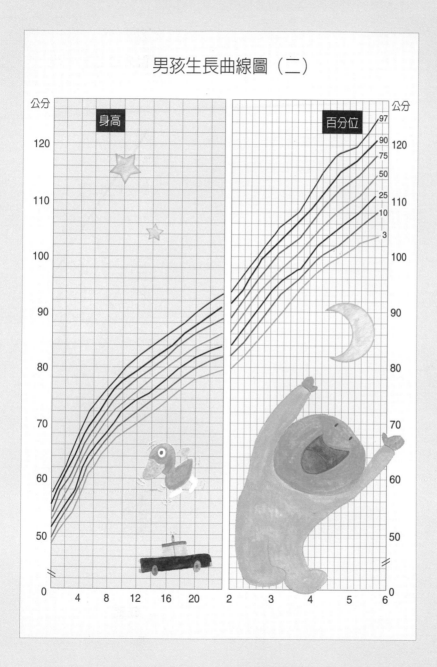

男孩生長曲線圖（二）

形，在判定頭部過大或過小的時候要先考慮家族遺傳，再判斷是否異常。

2.除非胸部明顯畸形，否則胸圍的意義不大，部分健康檢查都會將這個部分略過。

■**體重及身高曲線解析**

1.若將身高和體重的成長曲線分開解析，除非在百分位落點差異大，或是落在正常值範圍之外，否則有些隱藏的問題，就單一項目的數值來看，是無法察覺的，因此，統整分析成長曲線圖更可以掌握寶寶的成長狀況及體型變化。

2.觀察身高體重的關係，應長時間比對，因為可能產生極大的變化，例如早產兒也可能在適應之後趕上成長曲線的正常值，而出生時的「巨嬰」也可能在日後生長較緩，而漸趨於正常值，所以，不要太過在意單次的百分位落點，而是要長期觀察成長曲線的變化，有疑問要向醫師諮詢，不要自己妄下判斷。

体型不正常的關係表

高瘦型寶寶	身高的百分數偏高 體重偏低	落差愈來 愈明顯	1.內分泌 2.營養供給 3.運動 4.外在環境失衡	找出原因， 改善體型異 常的現象	必要時諮詢 兒科醫師
矮胖型寶寶	身高的百分數偏低 體重偏高				

身體機能

●呼吸

用鼻子呼吸是新生兒唯一的呼吸方式，在出生後二、三天，呼

吸頻率才會趨於穩定，維持在一分鐘二十到三十次左右，在這之前，常會出現一分鐘約四十次左右的呼吸，感覺較急促但無大礙（一分鐘五十次以下都還算正常，約成人的二倍）。

新生兒的鼻孔常會有稀薄的白色粘液，若不適應周遭的空氣，會有打噴嚏的反射動作，也藉機將鼻中的分泌物清出。偶而呼吸會有雜音，是因為鼻腔空間狹小，加上分泌物阻塞導致，有時甚至會有鼻塞的現象，這些都是正常的狀況，可以用棉花棒清理寶寶的鼻腔。遇到較硬的分泌物沾著在鼻腔內，以棉花棒稍微將分泌物沾濕，待軟化後再取出即可。

（呼吸的雜音，也有可能是因為喉嚨的會厭軟骨尚未成熟，吸氣時會因振動而發出聲音，長大會慢慢改善）

醫‧師‧小‧叮‧嚀

■呼吸是健康指標

1.出生二、三天後，一分鐘呼吸數持續高於五十次，或是唇、指甲呈紫色發紺症狀→可能是呼吸器官或循環系統出了問題。

2.呼吸急促（一分鐘高於五十次）且呼吸時肋間下陷，或胸體上方凹陷（可利用睡眠時觀察）→可能是「呼吸窘迫症」、「低血糖」、「先天性心臟病」→儘快做詳盡檢查。

3.新生兒或早產兒會出現呼吸暫時停止的情況，若是過久易造成腦部缺氧，影響智力，平時要小心觀察，一有停止呼吸的現象就要趕快用手輕拍或輕搖喚醒他。

● 體溫

人類的體溫是由腦部下視丘體溫調節中樞進行調節，約維持在

三十六度到三十七度之間。新生兒的體溫通常偏高，約三十七度左右，哭或喝奶時會更高，有些剛出生二到五天的新生兒會有短暫發燒現象，在三十七點五度到三十八度之間，只要給予乳汁或開水補充水分，體溫就會下降，不用擔心，但是如果一天持續體溫高於三十七點五度或低於三十五度，就必須請醫師診斷。

● 心跳

新生兒脈搏有時會不規則，一般情況一分鐘約一百二十到一百五十左右，二、三天後會出現一分鐘八十左右的「徐脈」，偶而還是會出現不規律的「不整脈」，還有在授乳、啼哭時可高達一百六十的「頻脈」。要注意的是，滿月後若還是常出現徐脈、不整脈、頻脈的現象，就有心臟異常的可能。所以，平時要留意寶寶的脈搏，尤其是家族有相關遺傳病症時，更應密切觀察，才能

■寶寶脈博測量法
　用手按壓寶寶的左乳下方，第三根到第四根肋骨之間，直接測量寶寶的心跳。

早日發現早日治療。

● 排尿

排尿是屬於反射動作，新生兒一天可能排十到三十次不等，每次排尿量少，次數頻繁，這和攝取的水分及排汗量多寡有關，如喝足夠母奶的寶寶排尿量較多，夏季容易流汗則排尿量較少，而隨著年齡的增長，排尿次數會遞減，每一次的尿量也會逐漸增

多。滿月前的寶寶因腎臟機能還未成熟，所以尿液中含有尿酸鹽結晶體，讓尿布呈磚紅色，這種狀況一個月後會消失。

■容易延誤治療的「嬰兒期尿道發炎」

嚴重性	可能症狀	檢測方法	處理方式
尿道炎急性期容易引起敗血症 反覆性腎臟發炎造成腎臟不可逆病變（男嬰的比例較高）	出現不明發燒 哭鬧 胃口不佳 排尿時會啼哭 腹瀉	1.先排除其它因素 2.尿液檢查是否尿道發炎 3.是否泌尿道畸型（80%膀胱輸尿管逆流）	1.服藥預防尿道炎復發 2.必要時施行矯正手術

●排便

剛出生的胎便呈墨綠色且具有粘性，是在母體內所飲入的羊水或腸粘膜分泌物，通常在二十四到四十八小時解出。之後漸呈咖啡色或黃綠粘稠的轉化便，到出生第四天後，糞便開始因飲食而有不同的變化。

■飲食與排便狀態

飲食	色	質	味	一天排便次數
母奶	偏黃	較濕軟	略帶酸味	五到六次
牛奶	偏綠或淡黃	較乾硬	較有臭味	二到三次

部分寶寶因吸收良好或食量較少，會二至三天才排一次便，如果不是因為大便太硬解不出來，有便秘的現象，只要寶寶沒有不適的症狀，解便時也無特別痛苦的表情，基本上不需要擔心。

通常餵母奶的寶寶較不會發生便秘的情況，除了因為水分較豐足之外，也因為母乳中含有大量腸內益菌的關係，因此，如果遇到寶寶便秘，可以增加餵食母乳的次數，而如果是母奶及牛奶混合餵食，可以增加母乳的比例。或者給予添加少量葡萄糖的冷開

水，刺激寶寶腸子的蠕動，在平時也可以補充一些乳酸菌，平衡腸內菌種生態，也較不會便秘。如果糞便過硬也有可能導致肛門撕裂傷，這時可以用沾了嬰兒油或橄欖油的棉花棒，幫寶寶將糞便挖出。情況真的很嚴重時，請諮詢兒科醫師，必要時只好採用藥液浣腸。等寶寶離乳之後，飲食多樣且運動量較大，只要注意飲食內容的均衡，便秘的情況會獲得改善。

觸覺

觸覺是發展最早的感覺系統，早在媽媽肚子裡時，胎兒就能針對碰觸做出反應，且可能從懷孕初期就具有這方面的能力。剛出生的嬰兒對皮膚的碰觸會有所謂的反射反應，如當寶寶的手接觸到物品或大人的手時會有想要握住的「抓握反射」；而當用手指碰觸寶寶嘴角時，會轉頭將手指含入口中（尋根反射rooting reflex）；其它如腳底也很敏感，一經撫摸，原本緊縮的腳趾頭會完全張開，這也是種觸覺的反射動作（巴賓斯基反射動作）。

由於新生兒的體溫調節能尚未成熟，所以對溫度的感覺也就異常敏感，尤其是對冷的刺激反應，遠比對熱的反應來得激烈，所以當要幫寶寶換尿布時，要注意更換者的手是否太過冰冷，以免引起寶寶不適。寶寶對痛的感覺也很敏感，他會藉由哭泣、身體緊縮、心跳加速來反應疼痛。

新生的幼兒沒有語言作為和世界溝通的橋樑，所以他們用觸覺來感應外在的環境，冷或熱、痛或不痛、是否舒適、安不安全、可不可以信任等等，都是透過皮膚的感覺來建構他心中最初的世界。在寶寶六個月以後，雙手就成了他探險的工具，會把玩手

中的玩具，對新奇的物品會用手或摸、或搓、或戳、或揉，也會轉換角度觀看。

在寶寶的前幾年的生活中，親密的接觸是建立安全及情感信任的關鍵期，尤其是第一年，在孩子尚未有成熟的行動能力前，大人的懷抱是理所當然的依靠，隨著孩子日漸獨立，語彙愈來愈豐富，擁抱、撫觸的親密慢慢減少，親子間的肢體距離也就漸遠，所以要把握第一年的黃金時期，透過父母溫柔的懷抱，建立孩子的安全感，也就是要經常性擁抱或按摩。

●皮膚的保養：

嬰兒期的新陳代謝旺盛，從出生四、五天到一、二週，皮膚會有剝落的現象，過了這段時期就會恢復，並不是皮膚異常不需擔心，也不要代為撕除。寶寶的皮膚比較敏感，食物的殘留、大人的觸摸，甚至是天候的變化都會讓寶寶的皮膚起反應，平時除了注意皮膚清潔之外，可以用純黑麻油塗抹臉部及全身（尤其是新生兒），增加寶寶皮膚的抵抗力。

聽覺

聽覺的發展和語言的學習具有密切的關聯性。對一歲以前的幼兒而言，聽覺是另一種人際關係的接收器，除了實質的撫摸、擁抱之外，幼兒也會利用周遭親人的語調以及各種聲音來感受愛及安全，所以，幼兒的聽力發展對日後感情、人際關係以及語言、智力等都有深遠的影響。

胎兒在媽媽肚子裡五個月大的時候就具有聽力，他能從體內聽到媽媽的說話聲、心跳、呼吸、吃喝，甚至是體內各器官運作的

聲音。胎兒也能接收到外界的聲響，只不過隔著媽媽的腹壁以及厚厚的一層羊水，再加上母體內各種聲音的干擾，等傳到胎兒的聽覺感應器時已是微弱而且相當模糊，所以，母體的狀況是影響胎兒聽力的主要因素，也因此有所謂的胎教音樂以安撫母親的情緒，還有鼓勵母親多和胎兒說話的胎教理論。

■零到十二個月聽力發展階段表

出生後	●控制理解及辨識聲音意義的聽覺中樞開始發育。 ●會因突發的聲響或過大的音量而受到驚嚇，例如關門或重物掉落的聲音、大聲說話。 ●對類似子宮內的聲音較具有安全感，如媽媽說話聲、心跳聲等，當寶貝哭鬧不安時，可以達到安撫的效果。
三個月	●聽到熟悉的人說話，寶貝會有高興的反應。 ●對陌生或新奇的聲音則會追尋音源，開始具備記憶及分辨聲音情緒或意義的能力。
六個月	●可以對自己的名字做出反應。 ●受外界的聲音吸引，如馬路上的人聲、狗叫聲及汽車聲等。 ●會試著配合節拍舞動自己的身體，甚至試著學媽媽說話。
一歲大	●開始牙牙學語，部分孩子甚至可以很快的模仿簡單的語詞，如類似「媽媽」或其它較常聽到名詞。 ●更能理解語言的意義及功能，如不要、不可以、好、再見等所代表的意思。

　　因為在一歲前的聽力發展極具意義，給予適當的刺激對日後的聽、說、智能都有很大的幫助，所以，除提供孩子更多的刺激音源，也要避免太多的噪音影響聽力的發展，也要注意孩子對聲音的反應，例如對巨大聲響沒有反應等，要向醫師諮詢，若有需要則必須進一步檢查，因具有聽力障礙的孩子若能在三歲以前，早期發現就能獲得最佳的矯正效果，減少延遲聽說障礙的遺憾。

●耳朵的保養：

　　每次洗澡時要用軟毛巾輕輕地清潔外耳的部分，特別是凹陷的部分容易藏垢。耳朵內分泌物（耳垢）會自動掉出，不必清理，

也不必擔心影響聽力，洗澡後如果擔心耳朵進水，只要在耳朵入口約零點五公分處，以棉花棒略微理清理即可，不可太過深入。

視覺

　　剛出生寶寶視力大約零點零二到零點零三，能見度二十到三十公分左右，因為在嬰兒時期，眼睛自動對焦的焦距正好在二十到三十公分處的定點。這個距離是具有意義的，因為從寶寶鼻尖往外延伸到二、三十公分處，剛好是寶寶伸出雙手的距離，如仔觀察寶寶的動作，會發現在平躺時，寶寶習慣一手伸直一手彎曲，而寶寶的視線通常會看向伸直的手，如果換手伸直，他的視線也會隨著轉換，這種現象稱為「頸張力反射」，奇妙的是，當這種反射動作隨著寶寶的成長消失的時間，也正好是寶寶的視距往三十公分以往延伸的時機。此外，這二、三十公分也剛好是媽媽餵奶時，兩人面孔的距離，所以平時抱著寶寶的時候，要讓兩人的臉維持在二十到三十公分，以讓寶寶早日辨識親人的臉，這個時期，讓他最感興趣的就是人的臉，或是類似臉型的近距離物體。

■零到十二個月視力發展階段表

新生兒	見度二十到三十公分左右。
二個月	對較鮮明的顏色感到興趣。
三到四個月	視線可以跟隨移動的物體。 容易被光亮、移動的東西吸引。 開始具有對焦的能力，能觀察物體的外型。 略具有距離感，會試著用手去碰觸或抓握吸引他的東西。
六個月	視覺發展已達成人的三分之二。 能同時運用雙眼看東西，對深淺及遠近的判斷能力更加發達。
一歲	因肢體動作和視覺更具有協調性，更具有準確性及精準度。 視力約零點一到零點三，相當接近成人的視力。

應注意的視力異常現象：

1. 三、四個月大還不會追視物體。

2. 眼球不正常顫動；眼位不正（斜視）。

3. 瞳孔不是正常的黑、圓，而有白色反光。

4. 雙眼眼球大小、顏色等不對稱。

5. 害怕光線。

若出現上述狀況，要及早帶寶寶到眼科檢查，及早治療。

●眼睛的清潔：

　　眼睛的分泌物（眼屎）可用沾了冷開水的脫脂棉輕輕擦拭，從眼角到眼尾，但如果分泌物量太多，就要請醫師診察是否感染。

嗅覺

　　嗅覺也算是發展較早的感官知覺，寶寶可以憑著味道正確地找到媽媽的乳房並吸吮，也可以利用嗅覺判斷出媽媽和其他人的味道差異，因此老一輩的人會認為在寶寶身上覆蓋媽媽的衣物可以睡得比較安穩。

　　在寶寶出生後幾天內，嗅覺能力便神速地發展，對於細微的味道也會有反應，而且寶寶對味道的好惡幾乎和成人無異，例如聞到喜歡食物的味道會表示愉快，對臭味會有迴避反應。曾有研究人員將一小瓶的阿摩尼亞放在出生不到六天的寶寶旁邊，寶寶會將頭偏向另一側。

　　為了不要干擾寶寶的嗅覺發展，照顧者身上儘量不要有太過強烈的香水味，或是寶寶常活動的環境儘量減少人工香味，而尿布

也要勤於更換，因爲尿布過久的尿味及臭味，都會影響寶寶的嗅覺靈敏度。

●鼻子的保養：

鼻中的分泌物可棉花棒深入約一公分處清理，如果分泌物位於鼻腔較深處，可以用虹吸式吸取器（即二條橡皮管及一個圓型透明盒式的吸鼻器，坊間有賣），若無法改善寶寶的鼻塞，或是嚴重影響呼吸，就要請醫師診察處理。

味覺

六個月以前的寶寶，是以嘴巴來探索這個世界，任何東西都想放進嘴裡嚐一嚐、舔一舔、吸一吸、咬一咬，六個月後才以觸摸的方式取代。從出生開始，寶寶對酸甜苦鹹的喜好就與大人相似，對甜味有著偏好；對酸味會皺眉；會將苦味吐出；對鹹味及沒味道的食物則無太大的反應。

雖然寶寶對甜味較有愉悅的反應，但是有些父母爲了讓寶寶多攝取水分，會在水中添加甜味，如葡萄糖等，這不僅會讓寶寶養成喜歡甜食的習慣，也容易引起日後肥胖的問題。所以，不管是哺乳期或是離乳、斷奶後的食物，要注意口味清淡，不要過甜或過鹹，因爲味覺反應雖是與生俱來，但口味卻是由日後的飲食所決定，從現在就要開始爲寶寶的喜好把關，以免留下日後不良的飲食習慣。

第二章　心智發展

智能

●自我意識

　　二、三個月大的寶寶透過對手的觀察，開始察覺「自己」的身體，並且將動作及「自己」的感覺連結，而開始粗淺地意識自我。接著，在一歲以前的寶寶，開始透過自己動作所引發的反應或改變，來體認「我」和別人或其它物體的不同，例如「我」在哭的時候，會得到「他人」的安慰等，因此，寶寶自我意識的建構和外界的環境及人有很大的關係，愈開放的接觸與關係互動（與人或物皆然），就愈能幫助寶寶建立完整的自我的概念。

●統整概念（關係）

　　六個月以前的寶寶，對物體的認知是透過一大塊一大塊的方式來理解，而且彼此之間無法連結，如各種聲音和不同的形狀，對這個階段的寶寶而言是個別存在的。

　　六個月大的寶寶可以理解「球」是圓的，但還無法理解不同顏色及大小的都是球。九到十個月時，開始會尋找共通點進行初步的歸類，例如他會知道即使大小、顏色不同，但是都是「狗狗」。將近一歲時，開始具體瞭解物品的功能，例如球會滾動、會彈跳，甚至有橡膠的味道等，

這些對物品各項特性的統整和形成腦中具體的概念，都是透過實際生活中的操作來建構，經驗愈豐富，就愈能幫助概念的統整。

●物體恆存概念

根據瑞士知名心理學家皮亞傑（Piaget）所畫分的兒童認知發展時期，零至二歲是感覺動作期，所有的認知發展建構在實際動作的經驗上，而其中「物體恆存」是這個階段重要的發展概念。

「物體恆存」指的是意識到物體即使從眼前消失，但仍然存在的概念，恆存概念的發展和寶寶的記憶能力及因果概念有關，例如七個月大之後，在寶寶面前將玩具用布蓋住，他開始會試圖尋找，因為他記得曾看過玩具在那裡（記憶力），然後會更進一步想要掀開布條，因為他猜想掀開後可以看到玩具（因果概念）。

對人也一樣。一旦身旁的人離開，就會開始尋找，甚至開始有所謂的「分離焦慮」，因為他不知道那個離開的人會不會再回來，所以，要協助寶寶建立信任感，要試著告知，或者如果不是遠離，可以持續和寶寶說話，他的恆存概念會讓他明瞭，雖然看不見人但依然在附近。

●因果概念

六個月大以後的孩子最喜歡玩「丟」跟「撿」的遊戲，不過是他丟，其他人撿，他不只會沈浸在丟東西的樂趣之中，也會樂於看到丟之後的撿起動作，因為他開始具有「因果」的概念。

一旦「因果概念」成形，寶寶會開始製造狀況來觀看結果，例如，丟和撿的反應；以哭泣引起大人的注意；腳踢嬰兒床的欄杆會發出聲音；喝水時將水吐出會有冰涼的感覺，甚至大一點還會耍寶來引起大人愉快的反應等等。藉由自己的行動所產生的效

力，並不斷獲得一致的結果時，他也慢慢理解自己行為和因果的關係，在這個階段正是建立他好奇、主動探索的關鍵期，如果他的試驗經常得不到預期的回應，那麼將養成日後消極、被動的性格。

●模仿力

　　一個月大的新生兒模仿是無意識的反射行為，如模仿大人的臉部的動作，動嘴巴、吐舌頭等，而且是以寶寶本身已有、已習慣的動作為基礎，如果大人先模仿寶寶會的動作，再要寶寶模仿效果會比較好。寶寶快八個月時，會開始有意識的模仿，而且能模仿自己不熟悉的動作，例如跟著大人揮手再見、拍拍手、抓抓頭等，甚至慢慢地加入聲音的模仿，這是語言學習的開始。

●模仿力與生活習慣

　　當寶寶開始有意識地進行模仿時，周遭人物的行為就更具有影響力了，例如隨手將垃圾丟進垃圾桶、咳嗽時以手遮口等動作，寶寶全都會無異議接收，如果要建立寶寶良好的生活習慣，也是一個很好的時機。不過生氣就打人、摔東西等不良的行為示範，也會成為寶寶模仿的對象，，如果想要建立寶寶良好的行為模式，大人們可要先以身作則哦！

●記憶力

　　最近的研究發現，在寶寶出生之前就能記憶母親的聲音，因此，在他出生之後能很快地用聲音辨別出媽媽和其它人不同，接著再透過哺乳的過程，記住媽媽的味道，所以能很快地找出屬於媽媽的東西，研究人員曾經拿嬰兒母親的乳墊和其它母親的乳墊放在一個月大的嬰兒旁邊，受測的寶寶會將頭偏向自己媽媽的乳

墊，甚至會伸手觸摸。這都是因為聽力及嗅覺發展較早，也就較快地具有聲音及味道的記憶能力。

■記憶力發展時程

三、四個月	不需透過聲音來辨視人臉 會對較熟悉的臉龐微笑
六個月	記得簡單玩具的圖案、顏色及操作方式等
七個月	因為開始有物體恆存的概念，會喜歡現藏東西的遊戲
九個月	「回憶能力」開始萌芽，記得更早前曾看過的人或物。 具模仿並記憶較複雜的動作，如堆疊積木等。
十二個月	依步驟重覆大人示範的二步驟以上的動作。 已具有儲存及擷取資訊的能力。

Doc.'s reminder
醫・師・小・叮・嚀

■寶寶記憶增強法

1.重覆：如歌曲、故事、動作等，一再重覆到他認為足夠或失去興趣為止。

2.親自動手：實際經驗是加強印象的絕佳方式。

3.因果關係：例如壓不同的玩具會有不同的聲音等，藉由感官的刺激來增強寶寶的記憶能力。

●專注力

寶寶的注意力會隨著年齡及大腦的成熟度而逐漸增長時間，如果是寶寶有興趣的事物則會延長專注力。一般而言，新生兒的專注力約只能維持數秒而已，二、三個月大時也只能維持二到三分鐘，是標準的三分鐘熱度，四個月大可以花更長的時間看自己的手、腳，也喜歡玩，有較長的專注力；等到六個月大時，可以獨自玩有興趣的東西十分鐘左右，一直到十二個月大可能會延長到十五分鐘左右，足以聽完一個簡短的故事。

●影響專注力的因素

1.年齡。

2.性別：女寶寶的心智發展較早，專注力的發展也同樣比男寶寶早。

3.個性：通常較具有耐性及高堅持度的寶寶，擁有較高的專注能力。

4.環境：週遭干擾太多，如聲音吵雜、其它人走動、玩具太多種類，都會讓寶寶容易分心。

情緒

出生的前三個月，是建立親子信任基礎的關鍵期，這個時期的寶寶通常都是在飢餓、不適的時候醒來，情緒必定不佳，這時候父母解讀需求的速度就成了寶寶信賴的指標，寶寶的需求愈快獲得滿足，就會較少有負面的情緒產生，反之，就會發現寶寶常常哭鬧不止。

在寶寶滿三個月後，因為清醒的時間較長，所以維持好情緒的時間也能延長，再加上日夜的規律性在這個時候逐漸養成，因此，寶寶開始會在穩定的規律中開始和外在的人、事互動，愈來愈多愉快的表情，也會對人微笑，甚至發出叫聲吸引注意，但是情緒很容易受到影響，例如，生活節奏改變、尿布不適等都會馬上破壞好心情。

隨著自我意識的發展與日趨成熟，寶寶也愈來愈有自己的需求與堅持，情緒的變化也隨著喜歡和討厭的概念而更加分明，例如：六個月大的寶寶在喜歡有人陪伴，會有表現出愉快的情緒；

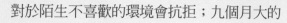

對於陌生不喜歡的環境會抗拒；九個月大的寶寶會選擇抱他的人，對喜歡的人伸出雙手並微笑，對不喜歡的人則會別過頭，或緊抓住媽媽的身體。此外，在飲食、顏色、形狀也開始有自己的喜好，較大的寶寶可能會挑選要穿的衣物、喜歡的湯匙等，看到喜歡的玩具會興奮地手舞足蹈，會將不喜歡的東西丟掉，而如果玩具被拿走則會非常生氣。

要培養寶寶穩定的情緒，取決於寶寶對家人、自己及環境的信任度高低，擁有高度信賴感的人際關係及環境，減少寶寶產生負面情緒的機會，如果寶寶常常生氣多半是因為缺乏溝通能力，因而缺少安全感所致。

一歲寶寶開始會對不願意的事物提出反對意見，這時候就考驗父母的溝通能力與可信度，如果父母親充分瞭解自己的孩子，就不要強迫他接受超出容忍度的事，例如親吻某個阿姨、拒吃感到噁心的食物等，父母應該體諒寶寶的拒絕，找機會再求解決之道，但有些具有立即性危險的行為或是生活上必需做到的事，則要堅持，例如玩剪刀、拒絕換尿布等，父母愈明確的行為要求，就愈能建立寶寶以平和的方式來解決問題，而不會因為無所適從，或是「會吵的有糖吃」的心理，以無理取鬧的方式達到溝通的目的。此外，健康的身體也是情緒穩定的重要一環，身心狀況良好的寶寶才能有愉悅、快樂的情緒。

社會行為

●建立安全感

零到三個月的寶寶尚未有所謂的「依附行為」，即特別黏人（對媽媽或主要照顧者）的行為，到快滿六個月前就隱約可以察覺，寶寶對某些人的一舉一動較為專注，到六個月大時，寶寶行動力增強，有更獨立的空間，卻也開始對人際關係感到不確定，所以從六個月到一歲是寶寶依附行為的高峰期。

依附行為和安全感的建立有很密切的關係，因為對依附對象的信賴，所以，當開始獨立、試著探索外面的世界時，依附的人就像是最後的防線，不管遭遇何種挫折，都可以回到依附對象的懷裡重新建立信心，平撫挫折感。在這個「療傷」時期，如果被依附的人能敏銳地察覺寶寶的需求，並給予適切的回應和鼓勵，就能良性地增強寶寶的信任度及安全感，也等於間接鼓勵他探索並發展和他人的關係。因此，不要太過排拒寶寶的「黏」、「依賴」等依附行為，那正是人際發展的一個過程，要好好運用。

伴隨著依附而來的就是對分離的焦慮，「分離焦慮」可說是人生中第一個心理危機，處理不當將會造成寶寶信任感的降低，也會造成日後對「分離」過度的反應。因此，剛開始盡量帶著寶寶，讓他看到你在做什麼，等事情一處理完就陪他；也可以不斷地和寶寶說話，讓他知道你在附近，隨時可以回應他的需要；等大一點可以明確告知「馬上回來」、「離開一下下」等，讓寶寶安心，切忌偷溜或在他有強烈需求的時候離去，如果前置經驗對分離處理得當，那麼就可以將寶寶暫時託予其他家人或保母，逐漸習慣之後，焦慮感會日漸減輕。

●安全感的萌芽

寶寶和母親的互動是建立安全感的起點，透過被照顧及需求的滿足來建立信任感，這一層安全感及信賴度影響著日後和他人互動的情況，愈具有安全感的寶寶，就愈能與他人有良好的互動，缺乏安全感的寶寶則會顯得畏縮或有較強的攻擊性。

●和家人互動

除了和寶寶有最多互動的媽媽，其他家人（爸爸、兄姊、祖父母等）也要和寶寶建立良好的互動關係，尤其是爸爸，在寶寶六個前就要積極地參與，不要等到六個月的依附期才開始，那會讓彼此之間的關係增加挫敗感，父母雙方愈早建立良好的親子互動，將是日後健全人際關係的基礎。

另外，家人彼此間的相處情形也會成為寶寶模仿的對象。成人之間或是成人與其他孩子的互動方式，都會烙印在寶寶的記憶，並且運用在實際生活上，特別是寶寶和其他孩子的相處經驗，將會是日後和同儕相處的根基，如果手足之間能建立平和、喜悅的互動方式，將會是孩子們（寶寶或年長的孩子）和同伴之間相處的基本模式。

●和他人互動

滿六個月大的寶寶開始會有「怕生」的行為出

現，面對陌生人時會有害怕、退卻、哭泣、不安等反應，心理學家稱之為「陌生人意識」。這種現象說明了寶寶已能分辨關係上的親疏，而且藉由對陌生人的焦慮反應表達對失去重要親人的恐懼，尤其是失去父母的恐懼。這種情形產生的時機正好和寶寶依附行為發生的時間點上契合，所以，父母如何處理寶寶的「怕生」行為，也會成為日後面對陌生人的應對模式。

醫・師・小・叮・嚀

■陌生人，不怕！

1.不要強迫寶寶和陌生人互動，例如馬上讓對方抱孩子，這種處理方式無疑更加深了他的恐懼。

2.不要理會別人對寶寶「怕生」的負面反應。

3.先讓寶寶在安全的懷抱中觀察，父母和陌生人的相處是愉快、輕鬆的，可以減低寶寶的焦慮。

4.不要在寶寶有生理方面的需求時面對陌生人。

和同儕之間的互動也是人際關係中重要的一環，平時有機會要讓寶寶多接觸其他孩子，但是父母要在旁觀察，必要的時候要介入排解糾紛，例如爭吵不休時引導繼續遊戲的解決方式。

一歲左右的寶寶正是自我中心意識最強的時候，他也許會將手中的玩具交給你，和你「分享」，但他也希望同時擁有隨時收回玩具的主控權，這種方式或許會到父母親的默許，但對其他的孩子而言就行不通了，在這個時候父母親並不是要擔任一個審判是非的角色，而是找到一個被雙方都能接受的方法，也許是拿類似的玩具加入分配，或者學習用輪流的方式，也讓寶寶試著等待，但是剛開始等待的時間不能過長，以免等不及。不要急於強迫寶

寶和他人分享，最好的方式是多準備幾個「熱門玩具」，在紛爭發生前先做好防範的準備。

養成良好生活習慣

　　對家有新生兒的父母而言，最大的困擾恐怕是寶寶不規律的作息，尤其是餵母乳的媽媽，夜間也要每二個小時餵一次奶，可說是相當辛苦。等孩子大一點也有可能會出現日夜顛倒的情況，這又讓父母們疲於應付，有人會用強硬的手段規律性地餵奶，夜間則不餵奶也不理會，放任寶寶哭累了，其實這根本會讓情況更加惡化，因為啼哭後的寶寶吸入大量的空氣，也就無法喝下足夠的奶水，下一次又會提早醒來，所以，即使是在夜間也要馬上回應寶寶的需求，這會讓寶寶睡得更安穩。

　　但是夜間餵奶、換尿布要保持安靜，讓寶寶察覺到夜晚和白天的不同，在晚上就是要安靜的睡覺，媽媽也會較不理睬他，千萬不可以再一時興起逗弄寶寶，那只會讓他更分不清楚日夜的差別。慢慢地，寶寶就會延長夜間的睡眠時間，白天就有較長的清醒時間。睡前那一餐餵飽一點也可以幫助寶寶的睡眠，但也要在寶寶能接受的食量內，不要強迫。

　　等睡眠及飲食日漸規律時，寶寶的活動力也愈來愈強，接著就要建立和健康、行為相關的生活習慣，例如一歲的寶寶已能記住玩具的位置，可以完成簡單的收拾工作；又如吃東西後漱口預防蛀牙；固定的吃飯地點；或者是排泄訓練、睡前的小故事等等，都可以幫助寶寶建立良好的習慣，但是一切都要採漸進式，太過急躁，反而會引起寶寶的排拒。至於最適合學習的時機究竟是什

麼時候，並沒有一定的準則，每一個寶寶都有自己獨特的節奏，例如，排泄訓練通常是在一歲半後才進行，但是如果在一歲的時候寶寶就感到興趣，也不要刻意阻止或勉強。

表達能力

●哭泣

哭泣對二個月以前的寶寶來說，像是一種反射性的訊號，用最原始的方式表達出身體的需要，所以這個時期的「哭」是不帶任何情緒，也無關意識的表達。曾經有人以醫護人員、保育者、母親為測驗對象，推測寶寶哭聲的意圖，結果答對率約百分之二，所以，要掌握寶寶哭泣的習慣，就只能從他日常生活的模式中判斷，而擔任判斷者角色的通常是最親近的母親。

因為寶寶的哭泣是一種內在狀況的反應，因此，媽媽愈能判讀寶寶的哭聲，就表示兩人的溝通愈良好，這對媽媽及寶寶而言都是一種收獲，也是另一種無可取代的親密關係，許多媽媽都是以直覺來解讀寶寶哭泣的原因，而且準確度頗高，這就是因為生活上的理解，這種理解將會建立寶寶安全感，等他瞭解不須要大聲哭泣就能被理解，那麼，他就不會再花那麼大的力氣哭了。

寶寶哭泣的原因，二個月前的寶寶可能大部分著重在生理方面的需求，例如餓了、尿布濕了、太冷、身體不適等等，二個月之後的寶寶，正努力地適應這個世界的生活模式，雖然依舊無法表達，也無法理解大人世界的訊息，但已經開始逐漸具有人類的本能，所以，隨著寶寶的成長，不要忽略他也有情感性的需求，感覺的交流從這個時期開始日漸重要，寶寶開始需要擁抱、情感的

撫慰，他不能完全有意識地接收與回應，但他會模仿，會測試大人的反應，再從中修正腦中的印象，並且學習如何表達及回應。

成人對「哭」的感覺總是十分負面的，但在面對寶寶的「哭」時，要以另一個角度來看，那只是一個等待解讀的求救訊號，多一分對寶寶哭泣的理解和體諒，就能讓寶寶多一分信任，也就能讓親子之間多一分親密。

當寶寶劇烈哭泣時，就像是劇烈運動一樣，會大量消耗血液中的氧，導致血氧量降低，而形成臉色、膚色發黑的現象，一般的寶寶會自我調節，無須擔心，但是心肺功能較弱的寶寶，要儘量避免劇烈哭泣，必要時要準備氧氣補充。

Doc.'s reminder
醫・師・小・叮・嚀

家有「夜哭郎」怎麼辦？

1.先放下你的不耐和將要失控的脾氣：沒有一個寶寶會無緣無故哭泣的，沒有所謂「磨人精」，特意來干擾父母睡眠。

2.分析寶寶的狀況，試著找出原因。

3.偶發性夜哭：必定有突發狀況，解決之後也不用擔心夜夜擾眠。

4.經常性夜哭：是最令父母無法消受的狀況，還是要試著找出原因。

生理性因素	餓了、脹氣、便秘、長牙、口渴、流汗、尿濕，甚至是蚊子叮……
情緒性因素	白天無法和父母多親近，所以希望引起注意
作息因素	白天睡太多、體力消耗不夠

找到原因之後要尋求因應之道就比較容易了。

● 微笑

二個月以前的寶寶，只是無意識地微笑，可能只是肌肉的反射動作，也可能只是在模仿大人的表情，直到二個半月之後才會有

社會性的微笑。三個月後的寶寶會以微笑來和人打招呼，到五、六月因親疏關係的確立，會有選擇地對熟悉的人微笑。一歲之前，寶寶的微笑已是一種內心世界的反應，是一種意願且是有意識的表達。

雖然在二個月之前的微笑不代表寶寶內心的愉悅，但是相較於哭泣所傳達的訊息，顯然微笑代表著寶寶正處於舒適的狀態中。由於寶寶的情感及表達經驗來自於成人行為的投射，所以，常常對寶寶微笑，讓寶寶將微笑及感覺連結，日後才能從具體的經驗中模仿，才會是一個愛笑的寶寶。

●語言

寶寶從出生開始就是一個超強的學習記憶體，即使是無意識，他也會不斷地從日常生活中擷取資訊存在腦中，等到時機成熟，就會開始進行連結，並且不斷地賦予意義，不斷地試驗，不斷地修正，然後理解、運用，語言的學習也是如此。

從出生開始，父母就可以利用各種機會和寶寶說話，這對他的語言發展是相當重要的，即使在這個階段寶寶所聽到的語言只一種聲音的節奏

和律動，但他卻會深深的記在資料庫中。通常寶寶在十個月到十八個月大的時候，可以真的說出具有意義的第一個字彙，這之前的十幾個月無時不為了開口說話在做準備。在未來的二到三年，寶寶都會在語言的會話中摸索，如果這一年甚至持續地未來，他都能不斷地豐富自己的資料庫，那麼，語言學習對他而言，便是有備無患，不怕學習障礙了。

■聲音的模仿和語言學習時程

二個月	模仿感興趣的聲音。 藉由口耳互動，逐漸瞭解耳朵所聽和口中所發出的聲音有著巧妙的因果關係。
三、四個月	會利用自己的聲音來回應外界的聲音（不一定是語言，也許是狗叫聲）
四個月	可以從語調中感覺到說話者是在生氣還是高興。 從變換口腔形狀，就發出不同聲音中得到成就感。 開始建立日後語言發音的資料庫。
五個月	繼續建立語音資料，應儘量提供寶寶足夠的語言資訊。
六到八個月	「玩」聲音的時期。 發出的聲音會愈來愈接近母語中的子音和母音。
七到九個月	正式進入「牙牙學語期」。 模仿能力更強，也逐漸會運用聲音來表達需要。
十個月	開始意識到語言和意義的關聯性，而不再只是發聲練習而已。
一歲	不管會不會說，已能理解父母話中部分的意思，例如再見、來、不可以等。 聽懂自己的名子。

第三章　　肢體動作

反射動作

　　剛出生的嬰兒，為了保護自己，會有一些與生俱來不需經過學習的動作，約有數十種，通稱為「嬰兒期原始反射」，有些反射動作會隨著寶寶的成長而消失，有些則會是終身的一種保護能力。這些原始反射是腦部發展的早期徵兆，會在一年內逐漸消失，取而代之的是學會控制自己，配合感官知覺的自主動作。如果在嬰兒時期未出現某些反射動作，就表示寶寶在某方面的機能發展未完全，例如未出現「巴賓斯基反射動作」，就表示寶寶的肌肉組織可能不夠強壯

●吸吮反射(sucking reflex)

　　將乳頭、手指或奶嘴等刺激物放入寶寶口中，寶寶會主動吸吮的反射動作，約三到四個月大時會消失。

●尋根反射(rooting reflex)

　　當用手指碰觸寶寶嘴角時，寶寶會轉頭尋找，並且企圖將手指含入口中的反射動作，約三到四個月大消失。

●吞嚥反射(swallowing reflex)

　　有食物刺激咽喉時，會反射吞嚥，永久存在但隨經驗修正。

●眨眼反射(eye-blink reflex)

　　當光線過強或有異物靠近眼睛時，會閉上眼睛或眨眼的反射動作，永久存在。

●頸張力反射（tonic neck reflex）

　　寶寶在平躺時，習慣一手一腳伸直另一手一腳彎曲，而寶寶的

視線通常會往伸直手的那個方向看，如果換手伸直，他的視線也
會隨著轉換的反射動作，約三到四個月大消失。

●抓握反射(palmar grasping reflex)

當寶寶的手接觸到物品或大人的手時，會有緊握住拳頭的反射
動作，力量之大足以支撐寶寶自己的重量，約三到四個月大時消
失。

●莫洛反射（Moro reflex）

又稱為「吃驚反射」，當有巨大的聲音或是突然變換寶寶姿
勢、位置時，寶寶會迅速將手臂向外張開，然後會弓著背向前抱
住的反射動作，約在四到六個月時消失。倘若寶寶沒有正常的莫
洛反射，則可能有神經系統發展的問題。

●巴賓斯基反射(Babinski reflex)

寶寶腳底一經撫摸，原本緊縮的腳趾頭會完全張開的反射動
作，八個月大到一歲之間漸漸消失，倘若嬰兒一歲之後尚未消
失，可能是神經系統發展有問題。

●踏步反射(stepping reflex)

將寶寶從腋下直立抱起，並且讓雙腳直立地面時，寶寶會自然
往前踏步的反射動作，約二到三個月大時消失。如新生兒沒有出
現這樣的動作，或反射微弱，則有下肢變形、休克或腦部損傷的
可能，要盡快請醫師進一步檢查。

肢體動作

●肢體動作的發展

關於肢體動作的發展，有二點要特別提出：

1.肢體的發展有其順序，在一個階段尚未成熟時，不要太過急躁地要寶寶進入下一個發展階段。

發展順序由頭部到腳、從身體中心大軀幹往外到四肢，動作從簡單到複雜，所以頸部挺直、坐、站立的發展就是依此順序，然後大軀體動作完成，才開始往細部的動作發展，如手部動作的發展。

2.肢體的發展有快速及緩慢的時候。

可能在某一段時期沒什麼進展，請耐心等候，因為可能接著而來的是快速的成長，要注意是否有異常現象發生，例如發展過於遲緩（當大部分的嬰兒都會的動作，寶寶卻連嘗試的跡象都沒有）、動作不協調、缺乏肢體平衡調整能力等，那就要進一步檢查，找出問題根源。

● 頭頸挺直

■ 大動作發展的基礎

頭頸挺直是所有肢體動作發展中最早，也是最重要的動作，所有後續的坐、爬行、走路，甚至是跑步、跳躍，都是從頭部的自主動作開始，也就是說，寶寶要先學會如何控制頭部，才能開始下一個動作。

■ 新生兒

新生兒頭部就佔了全身將近四分之一的體積，但背、頸部肌肉又尚未有足夠的支撐力量，只有直立趴在大人的肩上時，才會略微抬頭調整頭的姿勢，所以，在這時期，固定寶寶的頭是重要的工作，不論是擁抱、哺乳、洗澡、更衣等，都要用手托住頭部。

■ 滿月到二個月

俯臥時可維持數秒鐘的抬頭動作，但也只能抬高約四十五度角，大部分時候需要支撐才能防止頭部下垂，不過可左右轉頭。

■三個月

俯臥時可以仰頭九十度角，可以維持數分鐘，但仍會略為搖晃，還不是很穩定。

■四個月

不論採用何種姿勢，俯臥、直立抱著、扶坐著，大部分的時間寶寶已都能將頭挺立，也很少下垂或晃動，身體也結實許多。

●翻身

寶寶在學會平躺翻身之前，會先在側臥時變換成平躺，或是在平躺時翻成側臥，對大部分的寶寶來說，在四個月大時頭頸部挺立，也代表著頸、背部肌肉已具有支撐頭部的力量，即是為翻身動作做準備，在這個時候讓寶寶俯臥翻身成平躺姿勢，會比仰臥翻身為俯臥來得容易。因為翻身的動作比較複雜，所以寶寶會翻身的時間也有很大的差異，基本上是四到六個月大時，寶寶就可以自己翻身，有時候穿太多或者是體重過重也會影響翻身的時機，只要頭頸部挺立動作已完成，即使不會翻身，也不用太過心急，到寶寶六個月大時，對翻身動作已相當熟練了，還會樂在其中到處滾動。

醫・師・小・叮・嚀

從寶寶四個月大開始，就有可能隨時會翻身，所以，不要將寶寶放在沒有欄杆的床、沙發等有高度的家具上後離開，寶寶會有翻落地面的危險。

●坐

　　四個月大的寶寶在大人的扶助下坐著，頭部可以挺直；等到五個月大，當寶寶平躺時，拉住寶寶的雙手到坐起，他的上半身會一起用力配合，頭不會往後仰；六個月大的寶寶，可以自己用雙手支撐坐著約三十秒；七到八個月可以自己支撐身體，從平躺到坐起，而且坐著的時候不需用雙手撐住，手可以自由玩玩具、拿東西。在這整個過程中，寶寶是要經過多次的練習，要適時給予寶寶鼓勵和讚賞，還有在寶寶練習坐起時，注意周遭環境的安全，以免受傷。

●爬

　　爬行對寶寶來說是一個重要的階段，因為他的行動力往前跨了一大步。寶寶在六個月大時學會翻身後，以左右翻滾的方式開始他的第一階段的行動力；接著會以腹部著地的匍匐前進或像毛毛蟲一樣蠕行的方式做為第二階段的行動力，在這個時候已經幾乎無人能阻擋他四處探險了，不過仍僅限於平面；透過不斷地訓練，寶寶的四肢和軀幹愈來愈具力量，接著就是大約八到十個月大時，四肢已有足夠的力氣支撐軀幹，開始寶寶從平面到三度空間的「爬」行無阻。

爬行是為日後的獨立行走做準備，因為未經過爬行的寶寶，雖然學會走路，但是基礎神經肌肉未經過爬行洗禮，容易走路不穩或跌倒；爬行也是一種刺激腦部發育的運動，因為先是在學習爬行的過程中，為了練習平衡不讓身體前傾趴倒，寶寶的大、小腦就已經為了行為控制的主權爭奪許久，直到最後找到最有效的爬行方式（由大腦皮層協調與控制手腳上的運動肌肉），也終於獲得身體的平衡，所以，爬行可以說就是一個複雜的腦部運動，常常爬行有助於刺激腦部發展。

寶寶剛學會坐的時候，不要讓他坐太久，因為寶寶的脊椎骨尚未發育完全，久坐會造成日後脊椎側彎，即使是在背部有支撐力量的情況下，也不可以坐太久。

●站立和行走

到底寶寶先學會爬，還是先學會站？其實沒有一定的標準，端視寶寶個別發展的差異，大概的歷程是從四肢爬行、支撐站立、支撐步行到獨自步行。一些未經過爬行就會走路的寶寶，很明顯地在會爬之前，就可以很順地扶物站立或行走（這一類的寶寶通常手臂及膝蓋的肌肉較發達），以致於他不需要透過爬行來行動，乾脆就直接用走的，之後才因為需要，如在地面上找玩玩具等，再開始爬行的動作。

1.四個月：部分寶寶在四個月大的時候，可以讓人扶著站立，雖然時間短暫，卻帶給寶寶很大的驚喜，有時還會因此停止哭泣。

2.五、六個月：五、六個月大時，輕拉寶寶的雙手可以很快速地站起，但仍需藉著外力的支持才能站好。

3.**七個月**：七個月大的寶寶，被拉起站立會自動使力，腿保持直挺，部分寶寶可以自己扶東西站立。

4.**八個月**：八個月寶寶的困擾已不是扶物站立的問題，而是一旦站起來之後，不知道該怎麼坐下，他不知道利用彎曲前傾來平衡身體，經常是直直地屁股落地，有時一急會向大人求救，這時父母可以用手扶住寶寶的腰際，輕輕地將他往下前方推至跌坐的姿勢，讓他感受前傾時重心的轉移，多試幾次之後，他就會找到自己的方式，注意不要讓他太過依賴父母的幫助。

5.**九、十個月**：寶寶就會試著不靠物體支撐，自行站立或蹲下，也會試著以單手扶著家具或牆壁行走，如果拉著寶寶的雙手，他已經可以走得不錯，發展較快的寶寶，也會在十個月大時開始試著放手走幾步。

6.**十一個月**：十一個月寶寶可以獨自站立，甚至可以自行將身體做九十度轉向，即使還不能放手自己行走，但是已經可以牽著他的單手或雙手散步。

通常寶寶在十二個月大時可以放手自己走，但是也有些寶寶要到一歲三個月左右才會獨立走路。現在雖然可以放手，但還是在不穩定的階段，步步為營，因為速度較慢，所以即使放手走路帶給寶寶前所未有的成就感，但是大部分的寶寶還是比較喜歡用爬的，尤其是看到引起他興趣的食物或玩具，他會毫不猶豫地馬上快速爬行到目的地，慢慢走？以後再說吧！

●手部動作

■手部抓握及手指發展

在寶寶可以有意識地用手抓東西之前，有一個很有趣的現象，

他必須先學會放手，才能取得用手抓物的主控權，我們可以從寶寶各階段手部抓握能力的變化來看到底是怎麼一回事。

1.零到三個月：

寶寶對刺激掌心的物品會緊緊抓住不放，這種「抓握反射」讓他即使想放掉手中的東西，也無能為力，但是在滿三個月之前，寶寶抓握反射的力道會逐漸減輕，不會像剛出生一樣緊緊抓住。

2.三個月：

抓握反射逐漸消失，一改前面幾個月放不開手的情形，這個時候的寶寶碰到想抓住的物體，開始會使不上力，因為他的手不再像之前一樣拳頭緊握，而呈手指張開狀，如果在他的手心放置玩具，也只能輕握幾秒就鬆開了。

3.四到五個月：

四個月開始將大姆指和其他四指分開抓握物品，等到五個月大時又能緊緊抓住玩具或吊環，也可以自己用扶住奶瓶，和前三個月的抓握反射最大的差別，這個時期寶寶抓握物品已經可以自己控制，隨時想放掉就可以放掉，還可以抓住有聲音的玩具左右搖晃、將物品從一手換到另一手。

4.六到七個月：

寶寶可以單手伸向物品或玩具並且抓住它，還可以將物品拿在手中轉動

把玩，或拿來敲擊地板或桌、櫃等，而且很喜歡自己製造的聲響。

5.八到九個月：

寶寶只要用大姆指、食指和中指就可以握住積木，而且大姆指和食指可以合作撿拾地上的小東西，已經會拍手的動作，或是雙手各拿一樣物品互相敲擊，也會開始用食指挖洞或勾東西、指物品的方向。

6.十到十二個月：

寶寶不僅可以分工使用兩手，還可以一手握住二個小東西，甚至可以打開蓋子、從小容器中拿出裡面的物品、脫掉自己的襪子或衣服等，最重要的是會用食指表示自己的意圖或想要的東西，而姆指也能和其它四指合作無間，堆疊二到三塊的積木。

■手口及手眼協調

1.手口協調

在新生兒時期的吸吮反射，是因為手指或乳頭靠近寶寶的嘴巴所引起，在吸吮反射慢慢消失之後，寶寶要開始自己用手將手指或奶嘴送進嘴巴，這個看似簡單的動作，但卻讓寶寶花了很長的時間慢慢學習自己控制。從二個月左右開始，寶寶會將手指放入手中吸吮，不但很快就會掉出來，還會發現寶寶是企圖將整個拳頭塞進嘴裡；之後才慢慢地只放入數根或一根手指頭，至於哪一指就隨寶寶的喜好了，當這個動作完成，代表吸吮反射結束，而手口協調初步完成。

等到寶寶六個月的時候，手指已能自主地抓握東西，放入嘴巴的不再只是手指，極有可能是隨手抓來的任何東西，到寶寶八個

月大開始爬行時，這種情況又更加嚴重，因為他不只具有行動力，手指的靈活度也增加，再加上將物品塞進嘴裡的動作已相當熟練，所以如果不想他放進太多小東西進嘴巴，要特別注意環境的清潔與安全，不要讓寶寶拿到過小的物品，以免誤吞造成危險。

2.手眼協調

大約在三個月大的時候，寶寶開始玩自己的雙手，而且也喜歡盯著自己的手看，這時他才逐漸意識到「手」和自己身體的關係，於是會開始手和眼睛的對話，會想要用手揮擊物品或拿東西，但總是測不準距離；四個月大時，可以看到寶寶的視線在物品和手之間游走，彷彿在測量手的方向及要延伸的長度，但大部分時間是失準的。五個月大時，手已經可以配合視線，慢慢伸向物體並抓握，還可以操弄簡單的玩具；六個月時對看到的物品能很快掌握住，不需慢慢測量及評估手的方向；八個月大時可以手拿著玩具，眼睛看著杯子，甚至還打算拿視線外的玩具，對撿拾小東西特別有興趣；十個月時可以準確拍打懸掛的玩具；十二個月時可以不用看也能準確地拿到物品，能在別人示範後堆二到三塊積木

夏之卷

Volume3 哺乳

點仔膠粘著腳，叫阿爸，買豬腳，豬腳顆仔滾爛爛，餓死囝仔流嘴爛。

（台灣童謠　施福珍詞曲）

第一章　哺乳

母乳是最好的嬰兒食品

　　根據中華民國婦產科醫學九十二年最新統計，全台灣婦女住院時哺餵母乳的比率是35%，二個月後不到21%；而母乳及配方奶混合哺餵的比率在住院期間是91%，六十天後下降至約55%。

　　上面的數據令人憂喜參半，喜的是七十八年台灣的完全哺乳率僅佔不到6%，現在則已提高至20%左右，但憂的是哺乳率仍然偏低，而且多在滿月後就放棄哺乳。母乳可說是大自然為寶寶生存所設計的食糧，以下就營養、免疫、衛生、溫度等觀點來看母乳的好處。

●營養觀點：母乳是最符合寶寶需求的營養食品。

■**母乳的營養成分**──蛋白質、脂肪、維生素、鹽分、磷、鈣、鐵、乳糖等，都有足夠且適當的量，對寶寶來說剛剛好，不會造成營養不足或是無法負荷的情況。

■**母乳含有足夠的水分**，即使是燥熱的酷夏仍不需額外補充水分。

■**母乳的脂肪屬常鏈不飽和脂肪酸**，不會造成過胖兒，而且這類脂肪酸在人類的胚胎及二歲之前的嬰兒期間，影響了腦部組織和視網膜的發育與成熟度。

■**母乳含有活性酵素（配方奶無）**，可以幫寶寶預先分解乳汁中較難消化的營養成分，讓寶寶尚未成熟的消化系統可以快速吸收利用。

■**母奶的品質非常穩定**，而且會隨著寶寶不同階段的成長而改

變，例如生下早產兒的母乳成分和足月兒的母乳成分略有不同，但是完全符合寶寶當時的需要。每一次哺乳的內容也會改變，前奶含有豐富的蛋白質、乳糖、礦物質和水分，提供養分；後乳含有較多脂肪提供飽腹及能量。

■**母乳的量會因寶寶喝奶的習慣，而自動調節漲奶的頻率及泌乳量。**

●免疫觀點：母乳是強力的預防針，增強抗體。

■**母乳具有防禦性抗體，**如吞噬巨細胞、各種淋巴球等，可以吞噬及消滅病菌，在寶寶的自體免疫系統尚未發展完成之前，能保護寶寶，降低寶寶感染疾病的機率，而母體內對疾病的抗體也能透過母乳傳到寶寶體內。

■**母乳中含有多量的乳鐵蛋白，**可以改變細菌生長需要的含鐵環境，而達到抑制細菌的目的。

■**母乳中含有保護性物質，**如多種免疫球蛋白、活性酵素、乳酸桿菌等，強化有利寶寶成長的良好腸內環境，防止腹瀉、發炎等不適症狀的發生。

●衛生觀點：母乳最安全也最方便，無需消毒。

■**母親不需要消毒奶瓶：**除了要注意乳頭的清潔之外，母乳不需要配方奶繁瑣的消毒奶瓶等程序，也無需擔心消毒工作是否做得徹底。

■**不用擔心變質問題：**母乳直接儲存在母體，即使是擠出的母乳，也因為含有抑制細菌滋生的成分，能在室溫25℃下放置六到八小時。

■**隨時可滿足寶寶的要需要，**不用擔心配方奶是否充足、消毒

奶瓶足不足夠、有沒有熱水可以沖泡等問題。

●適溫觀點：母乳的溫度剛剛好，無需試溫。

■**母乳的溫度讓寶寶容易入口**，而且是恆溫，不會因天氣冷而很快降溫。

■**配方奶要擔心水溫是否適中**，水溫過高不僅會燙口也會破壞其中營養成分，沖泡時以冷熱水沖調的「陰陽水」易造成寶寶脹氣等不適症狀。

●母親觀點：幫助產後母體快速復原、預防乳癌。

■**寶寶的吸吮可刺激母體催產素的分泌**，幫助子宮收縮，減少出血及骨盆腔充血，加速產後恢復。

■**哺乳二到七個月，對母體健康大有幫助。**母體停經前罹患乳癌及卵巢癌的機率可降低20%，也能減少停經後大骨關節及脊椎骨折的機率。

■**可消耗大量的熱量**，對產後身材的恢復有所幫助（每天約可消耗四百到一千卡的熱量）。

■**延長產後生理期恢復的時間，可減低受孕的機率。**在完全哺乳、月經未恢復、寶寶六個月以內三種條件都符合的情況下，懷孕的機率低於2%（建議哺乳期的避孕採非荷爾蒙避孕方式，如保險套、避孕器等，避孕藥則以只含黃體素為佳）。

母乳的附加價值

●親子觀點：最親密的交流

母親哺餵母乳，除了給寶寶實質的營養補給之外，更重要的是親子之間親密的接觸，這種其它人無可取代的關係對寶寶的心理

發展有很重要的影響。

■**零距離的接觸**——當媽媽哺乳時，必須將寶寶緊抱在胸前，寶寶可以在視線內清楚地看著媽媽的臉，也能完全貼近母親，完全沒有距離，這是以奶瓶餵奶時辦不到的。

■**透過乳汁傳達的愛意**——對媽媽而言，寶寶的吸吮包含了完全的信任與依賴，給予母親情感上被需求的滿足，對寶寶而言，母親的哺乳是一種愛的傳達，也滿足寶寶親密的需求，這種心理層面的滿足對愈大的寶寶而言愈是重要。

●經濟觀點：低成本高報酬

不論是就母乳本身的營養價值而言，或是實質花費上的經濟效益，母乳都是一種高報酬的投資，相較於此，配方奶所需的花費是相當可觀的。

■**高成本的配方奶**——選用配方奶不只是奶粉的花費而已，還需要考慮奶瓶、奶嘴的消耗；消毒器具；水費、瓦斯費、電費等，還有可能因抵抗力較弱而需要的看診費等等。

■**低成本的母奶**——只要注意母親的營養均衡，也不需過量的飲食補充，因為太多熱量的攝取無助於母乳的增加，反而容易讓母體發胖。母乳的多寡完全取決於供需原則，寶寶吸吮愈多，就會產生愈多的母乳，不需額外花費，而多餘的乳汁可以擠出保存，在獨冷凍室可放三個月。

■**高報酬的母奶**——根據世界衛生組織的統計資料，不論在肺炎、呼吸道感染、中耳炎等方面小兒常見的疾病，喝配方奶的寶寶罹病機率都遠高於喝母奶的寶寶。

●環保觀點：最具環保效益

由於母乳的周邊必須配備較之配方奶簡化許多，加上配方奶本身來源的問題，母奶無疑是最具環保效益的哺乳方式。

■**就週邊配備而言**——配方奶所產生的垃圾量相當驚人，從奶瓶到奶嘴，甚至是奶粉罐，從出生到斷奶都不斷有垃圾產生，而母乳則可以減少大部分的垃圾量。

■**就製造過程而言**——配方奶的來源需要消耗自然環境的土地、養分，還有製造及運送過程中能源的消耗，以及產生的廢氣和垃圾，都隱藏著環保問題，母乳則沒有這一方面的顧慮。

如何促進乳汁

●分娩後儘早哺餵母奶，而且讓母親嬰兒同室。

剛出生寶寶的吸吮反射十分強烈，愈早讓寶寶吸吮母親的乳頭，不僅在母子感情連繫上十分重要，更能及早刺激乳汁分泌，也能讓寶寶吸到營養又富含抗體的初乳，愈晚讓寶寶吸吮就愈提高日後哺乳的困難度，而母嬰同房，可方便隨時哺乳，也能減少嬰兒猝死的機率。

●盡量完全哺餵母乳，以促進乳汁分泌。

因為乳汁的分泌是以寶寶的需求量來達到供需的平衡，所以完全哺乳有助於刺激母乳的增加，也能防止寶寶乳頭混淆的情況產生，讓寶寶順利的吸吮，乳汁也就能完全提供寶寶的需要，不需額外補充，而且混合哺乳容易引起寶寶腸胃不適，一旦增加母乳的次數，寶寶的腸胃、排便就能恢復正常。

●依寶寶的需要彈性時間哺餵母乳。

剛出生的寶寶儲存養分的空間有限，所以每隔二到三小時就要

餵一次奶，但隨著體內儲存養分的「脂肪細胞」日漸成熟，食量也隨之增加，就可以拉長每一餐的時距，在此之前，不要硬性規定寶寶喝奶的時間，應依寶寶的需要哺乳，大約一至二週後，乳汁分泌和寶寶喝奶習慣之間會達到平衡，也會發展其規律性，乳汁的分泌將更順利。

●乳房清空，儲備乳汁。

哺乳後乳房若還是有飽脹感，要記得排空，可以將剩餘的乳汁儲存下來（利用儲乳罐或哺乳袋），以備日後所需，排空乳房的動作可以減低乳房阻塞的機率，也能刺激乳汁的分泌量。

●方法正確才能促進乳汁分泌。

用吸奶瓶的方式吸吮乳頭不但會造成母親乳頭的拉傷，無法順利刺激乳汁分泌，寶寶也無法吸到足夠的奶水，所以當寶寶吸乳時，要特別注意。

■正確哺乳法：

　■寶寶部分

　1.含住母親的乳暈而　不只是乳頭。

　2.嘴巴張大並且下巴貼近乳房。

　3.下唇往外翻、上唇上方露出比下唇下方較多的乳暈。

■媽媽部分

1.感覺到寶寶深深的吸吮及緩慢地吞嚥。

2.寶寶吸吮時乳頭不會痛。

3.每次哺乳間隔2～3小時，每邊乳房要餵10-15分鐘。

●多補充促進的泌奶食物，例如：豬腳燉花生、魚湯等高蛋白質食物。

哺乳期母體的營養較其它時期要多補充熱量、優良蛋白質及水分等，素食者更要注意蛋白質的補充，像黃豆製品等。但是也要注意營養均衡，媽媽的飲食太過營養，會造成乳汁過濃，容易導致乳腺阻塞，影響乳汁分泌。

●放鬆心情、充分休息，乳汁才能源源不絕。

心情放鬆：如果媽媽太緊張，情緒緊繃，會影響乳汁分泌，平時不妨多想一些美好的事情，聽些柔和的音樂。

充分休息：太過勞累也會使乳汁減少，所以要注意是否訪客太多，或是睡眠不夠等，影響媽媽休息。

專心哺乳：哺乳時要專心，不要一邊餵奶一邊聊天、睡覺、或想一些煩心的事，也不要讓寶寶邊睡邊吸奶。

Q&A

●乳汁是否足夠？寶寶吃得飽嗎？

■要判定乳汁是否足夠的方式有：

1.寶寶喝奶的時間間隔愈來愈短，短於2小時。

2.每次喝奶的時間延長，超過15分鐘以上。

3.睡不安穩，常會哭鬧而且不是其它尿布等因素。

4.體重增加緩慢，活動力不佳，一個健康寶寶每個月平均增加
0.5～1公斤，或者至少每星期約增加125公克。。

5.排尿量減少，顏色偏向深黃色，尿片量少於4片。

●寶寶拒絕吸吮怎麼辦？

■生理上的因素

1.寶寶可能生病了，要觀察是否有其它症狀，若只是暫時的胃
口不好無需擔心，但長期食慾不振要向
小兒科醫師諮詢。

2.寶寶的可能有鵝口瘡（口腔粘膜及
舌頭上有白色斑點）不舒服，要請醫師治
療。

3.鼻塞影響吸吮，在哺乳
前先以沾濕的棉花棒清理鼻
腔，寶寶喝奶時可能需要一直中
斷，這個時候要耐心等待。

4.身體上的疼痛，例如生
產時擠壓身體所造成的瘀傷
等，母親要仔細觀察，是不是擁抱
的姿勢正好會碰觸到疼痛的部位。

5.有些長牙的寶寶會有一段時間不喜歡喝奶（配方奶亦同），
過一陣子就好了。

■心理上的因素

1.曾有不愉快的吸吮經驗，如母體過強的噴乳反射，讓寶寶來
不及吸吮而嗆到，只要在哺乳前先擠掉一些奶水，或是平躺著餵

奶，減緩噴乳反射。

2.四到八個月大的寶寶容易被外在聲音所吸引，所以儘量在不受干擾的環境下進行哺乳。

3.媽媽身上的味道改變，如飲食改變、生理期，甚至是換不同牌子的沐浴乳等，或者外在環境改變，如搬家、媽媽上班或生病等，都會造成寶寶短暫性地不喝奶，只要找出原因，等寶寶較熟悉狀況時就不會拒喝母奶了。

4.一歲大的寶寶因飲食習慣改變，會自己慢慢離乳。

■哺乳技巧的因素

1.曾經喝過奶瓶，而造成乳頭混淆，人工的奶嘴對寶寶來說，是比較容易吸吮的，相形之下，吸吮媽媽的乳房是一件花力氣的事。解決方式，最好是一開始就不要用奶瓶餵奶，當寶寶有乳頭混淆的情況產生時，還是持續完全哺乳，停止使用奶瓶，讓寶寶習慣直接吸奶。

2.其他如吸吮方式錯誤以致於無法順利喝到奶水；媽媽擁抱方式讓寶寶不舒服，如太過用力將寶寶壓向胸部等；喝奶時，媽媽催促吸奶的動作干擾太大；寶寶拒吃其中一邊的奶水等。肢體動作上的問題母親要仔細觀察並找出原因，而拒吃其中一邊的乳房則可能是那一邊的乳房有問題，若不是固定一邊，那就先只餵一邊就夠了。

●多次哺乳體力不勝負荷時怎麼辦？

■哺乳需要家人協助與支持

1.當媽媽因為哺乳問題而感到疲憊、沮喪的時候，家人的鼓勵與支持會是劑強心針，給予媽媽克服問題的力量。

2.家人幫忙分擔照顧寶寶的工作，如洗澡、換尿布等，讓媽媽有更多的時間休息。

3.當寶寶熟悉吸吮的方式時，偶而也可以將母乳擠出，讓家人以滴管或杯子代替媽媽哺乳，讓媽媽有喘息的機會。

■舒適的哺乳方式

找一個舒適的哺乳方式可以減少媽媽的疲累，也能讓媽媽和寶寶在放鬆的情況下哺乳。

1.坐姿：背部要有依靠支撐而挺直。你的大腿及腳是平放的（不要踮腳尖，可以將腳放在小椅子或堅固的箱子上），用枕頭支撐手臂及寶寶，讓寶寶更貼近母體。

2.側躺：將頭及肩膀舒服地側躺在枕頭上，在背後及兩膝蓋間墊著枕頭幫忙支撐，讓寶寶側躺貼向乳房，這個姿勢可以邊餵邊休息，尤其是在晚上餵奶時候

3.不管是採用什麼方式餵奶，重點在於是媽媽感覺輕鬆的姿勢、寶寶可以完全貼近、自然而且不需刻意施力的抱姿。

●乳頭皸裂、乳房脹痛怎麼辦？

■乳房腫脹問題

1.預防方法：正確的吸吮方式、不限制時間的哺乳、愈早開始哺乳愈能避免。

2.處理方式：腫脹發生時務必要將奶水移出，以免造成阻塞甚至引起乳腺炎；視寶寶情況增加哺乳次數及時間；冷敷乳房，以減緩脹痛，但注意冷敷時要避開乳暈，以免影響噴乳反射；以溫水淋浴並按摩乳房，使腫脹的乳房柔軟；斷奶時採自然調節斷奶（隨寶寶吸吮次數減少而泌乳逐漸減量），可以減少腫脹；採用梳乳療法；情況無法改善時，向支持母乳的醫師諮詢。

■乳頭裂傷問題

1.哺乳時乳頭受傷通常導因於不正確的吸吮方式，而造成對乳頭的拉扯，要改善這種情況，就是要導正寶寶的吸吮方法，才不會一再出現酸痛、破皮、皸裂等問題。

2.乳房出現破皮、皸裂時，不要過度清潔乳頭；洗澡時不要在乳頭上塗抹清潔用品；每一次哺乳結束以手沾少許乳汁塗滿整個乳頭及乳暈部分，有助傷口癒合；哺乳完讓乳頭在空氣中自然風乾；真的嚴重時要請教醫師。

●上班族媽媽的哺乳

兩性工作平等法和勞動基準法分別有規定女性員工可以每天有二次各三十分鐘的哺餵（集乳）時間。

可以要求職場或公共場所設母乳哺集室，若是無此設備，則可以利用公司的茶水間或是較隱密的會議室等地方擠奶，事先和上司及同事做好溝通。

平時儲備乳汁，供給寶寶白天所需，夜間親自哺乳。

如果職場不支援集乳，就儘量利用晚間及假日親自哺乳，乳汁的分泌會隨之調整。

■集乳應注意事項

1.注意擠奶器的清潔和衛生，手不要碰到容器內緣。

2.擠出的母乳在25度室溫下可放六到八小時；冰箱冷藏室(0到4度)可放五至八天；獨立冷凍室可放三個月；冷凍庫(負20度)可放三到六個月。（冷藏或冷凍時不要放在冰箱門才不會受開關門影響溫度）

3.在不超過60℃的溫水中加溫，勿用微波爐及直接在火上加熱法，超過54℃時會破壞母奶中某些成分。

4.在冷藏室解凍未而經過加熱的奶水可以放24小時，以溫水解凍的奶水可放4小時。

5.解凍後的奶水不可再放回冰箱冷藏或冷凍。

6.寶寶喝過而沒喝完的奶水不能再保存。

配方奶

配方奶餵哺應注意事項如下：

●注意奶瓶清潔及消毒工作

使用前應經過清潔及消毒，坊間有蒸氣式奶瓶消毒器，消毒過的奶瓶、奶嘴要用乾淨且乾燥密閉容器存放。

喝完後的奶瓶或未喝完的奶要馬上處理、清洗，以免孳生細菌。

專用的奶瓶清潔刷，乳嘴部分要特別清洗乾淨，尤其出乳孔。

●沖泡者的雙手要保持乾淨

沖泡牛奶前一定要用清潔乳徹底洗淨雙手。

泡奶前要先讓雙手乾燥，以免將水滴入奶粉中，影響配方奶品質。

若雙手因過度沖洗而皮膚乾澀可以在泡完奶後塗抹少許的護手乳。

要定期修剪指甲，指甲過長容易隱藏細菌。

●注意出乳孔大小

新生兒以圓孔奶嘴為佳，較大嬰兒再視需要更換十字孔。

注意出乳孔不要過大，以每滴牛奶滴落間隔為三到四公分者較適中。

視寶寶吸吮狀況調整出孔大小或增加圓孔數，若看到寶寶常會嗆到，就是出孔太大，若是吸吮要相當用力，而且瓶內氣泡多且細，那就是出乳孔過小。

餵奶時要奶瓶傾斜

餵奶時，奶瓶要適度傾斜，以奶水蓋過奶嘴為準，不可讓寶寶吸進瓶內

的空氣。

●以恆溫水沖泡

不要用「陰陽水」（冷水加熱水調溫方式）沖泡配方奶，容易引起神經性脹氣，而容易造成日後皮膚過敏、氣喘或容易感冒等症狀。最好使用恆溫的熱水瓶或調奶器，以不超過50℃為佳。

●選用適合的配方奶，並依照指示沖泡

選用適合寶寶的配方奶，當寶寶出現容易腹瀉、便秘、皮膚紅疹等症狀，在排除其它因素之後，就要考慮是否配方奶不適合寶寶。

更換配方奶時要採用漸進方式，先以1小匙為單位替換原有的配方奶，無不適反應才可再增加1匙取代舊的配方奶，如此慢慢替換，一直到新的配方奶完全取代為止。

配方奶不會隨寶寶成長而改變成分，因此要視寶寶需要更換較大嬰兒配方奶粉。

沖泡時要依照罐上指示說明，除非醫師指示，不可任意調整沖泡比例，但是要依寶寶的需要慢慢調整奶量，不要太制式化。

●要額外補充水分

喝配方奶的寶寶排便容易乾硬，可以在二次餵奶中間補充水分。

●儘可能抱著餵奶

因為以奶瓶餵奶不像餵母奶一樣要緊貼著母親，但是寶寶情感上的需求依然不變，尤其是六個月以內的寶寶，更需要透過擁抱來建立安全感，所以，即使用奶瓶餵奶，也要儘可能將寶寶緊抱在懷中，讓寶寶感受並滿足被擁抱的需求。

第二章　離乳及斷奶食品

離乳及斷奶的必要性

●斷奶的必要性

　　當寶寶四到六個月大時，消化功能逐漸成熟，且因感官身體的發育、活動量漸增（醒著的時間比較多，對外面的注意力也增加，而且會翻身），所需的營養素增加，母乳或配方奶的營養已不能滿足寶寶成長的需要，所以，從六個月大開始，就要進行離乳及斷奶計劃。

●離乳的必要性

　　由於寶寶的消化系統尚未完全成熟，而且只接觸過母乳或配方奶，所以，為了讓寶寶適應成人的食物、訓練咀嚼與吞嚥，有必要採取漸進的方式，以免過度刺激消化器官而產生不適的反應，因此有所謂的離乳食品。離乳食品通常指非母乳或配方奶的流質、半流質、半固體食物，循序漸進，可說是寶寶迎接成人式飲食的重要橋樑。

離乳及斷乳的時機

　　完全母乳的寶寶可以六個月大時再開始吃離乳食品，六個月後寶寶才需要另外補充營養，而家中有過敏史的寶寶，也最好等滿六個月後才開始。

　　當寶寶對其他人的食物感到興趣，而且會做出上下唇開合動作時，表示他開始想要吃其他的食物，會伸手想拿別人的食物，或是看到東西就會想往嘴裡塞。

　　食量很大，每日超過1000cc的奶量或體重超過出生重量二倍以

上。

能在支撐下坐起，而且能坐穩，才能方便餵食離乳食品。

哺乳要具有相當的規律性，如果寶寶哺乳週期仍然紊亂，要先調整好哺乳時間再進行離乳或斷奶工作。

對湯匙餵食的方式不排斥，而且想要嚐試。

若寶寶對離乳食品感到排斥，應該馬上停止，不可以勉強進行。如果寶寶已經六個月大，就要更換食物，再試試看，仍不可強迫食用，只要多試幾種食物或改變烹調方式，應該可以順利進行。

也不能太晚才開始進行離乳，如七、八個月大才開始，因為隨著寶寶生理機能的成熟，營養需求已經改變，若是離乳太晚，則會造成營養不良，影響發育。

離乳及斷乳的計畫書

●離乳準備

調整寶寶的飲食規律：當寶寶出現離乳的徵兆時，首先要讓寶寶的飲食時間更規律，六個月大的寶寶，即使餵母奶應該也可以約每四小時餵一次奶，而且餵奶

的時間也比較固定，這樣有助於離乳食品的餵食。

先嚐試乳汁以外的味道：因為寶寶之前所接觸的只有乳汁，所以，在正式餵食離乳食品之前，可以用湯汁來餵食寶寶，先讓他適應乳汁以外的液狀食物，有助於寶寶對離乳食品的接受度。

●離乳餵食原則

■「三一原則」及逐量增加

1.**三一原則**：一日一種食物一湯匙的量。一次只給寶寶一種食物，而且從一湯匙的量（約5cc的小湯匙）開始，如果沒有不適的反應，第二天再增加一湯匙，增加到三湯匙的量為止

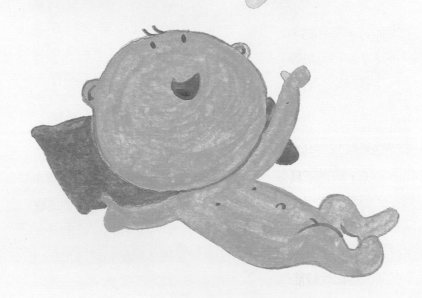

2.**三到四天增加一種新的食物**：增加的量到三湯匙時，可以考慮添加新的一種食物，也是從一湯匙開始，如此慢慢增加食物的種類。

3.**視寶寶的食量機動調整**：食物的量不一定只侷限在三湯匙，但是不可因為寶寶偏好某種食物，或是因為新鮮感而胃口大開時，毫不限制食量，這樣容易造成消化上的問題。

4.**隨著寶寶的成長增加離乳食品的量及次數**，一直到完全取代乳品（斷奶）為止。

■**適時暫停、隨機更換**

1.當寶寶一開始就排斥離乳食物時，試著減量，若還是不行，則要馬上暫停，隔日再試，再不行則要更換另一種食物，如果還是無法接受則先暫停幾天。

2.當寶寶排斥新的食物時要適時停止，翌日再試，如果真的不喜歡則換另一種食物，等過一陣子再試寶寶不喜歡的食物，也許就會接受了，也可以等寶寶接受的食物種類多樣化時，搭配多種食物，讓寶寶吃不出來。

● 離乳／斷奶食品的條件

■**衛生新鮮**：是首要條件，不論食物營養成分多符合寶寶需要，食物多美味，但是不具衛生條件，就根本談不上可入口的食物，所以在烹調要注意用具的衛生，特別是用磨碎熟食的器具，更要以開水沖洗或熱水燙煮過。而在食物本身方面，以新鮮最重要，在保存上依食物類別放置冰箱或乾燥通風處。儘量在寶寶食用之前才烹調，這樣比較能保持離乳餐的營養及鮮度。

注意器具消毒：
耐熱器具15分鐘蒸氣消毒。不耐熱器具洗淨烘乾，要注意使用天然或嬰兒專用清潔劑。

■**容易消化**：在寶寶的消化能力尚未成熟之前，要挑選易消化而且容易烹調的食物如蔬菜、豆腐、肉或魚、肝臟、蛋黃等，才不造成寶寶腸胃的負擔，不易消化的粗纖維類食物在烹調時要特別處理，或者是等寶寶較大時再食用。

■**清淡**：寶寶未受酸、甜、苦、鹹洗禮的味覺，對食物的濃淡十分敏感，因此儘量保持原汁原味。需要調味的食品務必控制用量，在嬰兒期如果攝取過多鹽份，會提高日後患成人病的機率，而如果糖份過多，則容易引起肥胖、蛀牙、食慾不振等，而且糖份會消耗體內鈣的運作，導致鈣質缺乏。因此，在幫寶寶的食物調味時，只要大人口味的五分之一即可，亦即將大人認為剛好的味道加四倍水稀釋。在油脂部分，儘量不要添加，尤其是離乳的前面階段，連食物本身的油脂含量也要注意，如脂肪過多的肉類不要選用，或是將脂肪去除之後再進行烹調。

■**符合寶寶的需求**：依寶寶各階段的需求比例，採漸進式加重離乳食品的量與次數，並且達到營養補給的目標。在選擇食材上也要注意寶寶的狀況，如具有過敏性體質及特應性體質的寶寶，在前二個月最好不要餵食蛋、牛奶、蝦、蟹、部分會引起過敏的海鮮類食物等。

■**階段性食物形態**：寶寶的消化系統需要循序適應新的飲食方式，所以，隨著寶寶的成長階段改變食物呈現的形態，以及烹調的方式是必須的，從第一階段的糊狀到塊狀，最後到第四階段可以用牙齒咀嚼的食物，完全要依照寶寶咀嚼及消化能力來決定食物的樣態。

● 離乳／斷奶時間表

■ **第一階段**

　　1.寶寶年齡：五到六個月（吞食期）

　　2.食物狀態：糊狀

　　3.離乳食品營養比例：佔全天營養的10～20%

　　4.乳品次數：三～四次

時間	上午6點	上午10點	下午2點	下午6點	晚上10點
飲食內容	母乳或配方奶	先吃離乳食品（25%以下），再喝母乳或配方奶	母乳或配方奶	初期：母乳或配方奶至少適應二種食物之後：先吃離乳食品（25%），再喝母乳或配方奶	母乳或配方奶

■ **第二階段**

　　1.寶寶年齡：七到八個月（咬動期）

　　2.食物狀態：能用舌頭碾碎的程度

　　3.離乳食品營養比例：30～40%

　　4.乳品次數：三次

時間	上午6點	上午10點	下午2點	下午6點	晚上10點
飲食內容	母乳或配方奶	先吃離乳食品（50~75%），再喝母乳或配方奶	母乳或配方奶	先吃離乳食品（50~75%），再喝母乳或配方奶	母乳或配方奶

■第三階段

1. 寶寶年齡：九～十個月（咀嚼期）

2. 食物狀態：用牙齦碾碎的食物

3. 離乳食品營養比例：50～60%

4. 乳品次數：二～三次

時間	上午6點	上午10點	下午2點	下午6點	晚上10點
飲食內容	母乳或配方奶	先吃離乳食品（80%），搭配少量母乳或配方奶	先吃離乳食品（80%），搭配少量母乳或配方奶	先吃離乳食品（80%），搭配少量母乳或配方奶	母乳或配方奶

■第四階段

1. 寶寶年齡：十一個月～一歲左右（完成期）

2. 食物狀態：能用牙床或牙齒碾碎的食物

3. 離乳食品營養比例：70%

4. 乳品次數：二次

時間	早餐	上午10點（早點心）	午餐	下午3點（午點心）	晚餐	晚上10點
飲食內容	離乳或斷奶食品	母乳或配方奶（量減為90%）	離乳或斷奶食品	離乳、斷奶食品（90%）、母乳或配方奶（90%）	離乳或斷奶食品	母乳或配方奶

附表：行政院衛生署（2002-09-05）

嬰兒每天飲食建議表

年齡/項目	母奶餵養次數/一天	嬰兒配方食品餵養次數/一天	沖泡嬰兒配方食品量/一次 C.C.	水果類 主要營養素	蔬菜類	五穀類	蛋豆魚肉肝類
				維生素A 維生素C 水份 纖維質	維生素A 維生素C 礦物質 纖維質	醣類 蛋白質 維生素B	蛋白質 脂肪 鐵質 鈣質 複合維生素B 維生素A
1個月	7	7	90/140				
2個月	6	6	110/160				
3個月	6	5					
4個月 5個月 6個月	5	5	170/200	果汁 1-2茶匙	青菜湯 1-2茶匙	麥糊或米糊 3/4-1碗	
7個月 8個月 9個月	4	4	200/250	果汁或果泥 1-2茶匙	青菜湯或青菜泥1-2湯匙	稀飯 麵條 麵線1.25-2碗 吐司2.5-4片 饅頭2/3-1個 米糊或麥糊 2.5-4碗	蛋黃泥2-3個 豆腐1-1.5個四方塊 豆漿240-360C.C. 肉 魚 肝泥1-1.5兩 魚鬆 肉鬆0.5-0.6兩
10個月 11個月 12個月	3 2 1	3 3 2	200/250	果汁或果泥 2-4茶匙	剁碎蔬菜 2-4湯匙	稀飯 麵條 麵線2-3碗 乾飯1-1.5碗 吐司4-6片 饅頭1-1.5個 米糊或麥糊 4-6碗	蒸全蛋1.5-2個 豆腐1.5-2個四方塊 豆漿360-480C.C. 魚 肉 肝泥1-2兩 魚鬆 肉鬆 0.6-0.8兩

備註：

1. 表內所列餵養母奶或嬰兒配方食品次數，係指完全以母奶或嬰兒配方食品餵養者，若母奶不足加餵嬰兒配方食品時，應適當安排餵養次數。

2. 各類食品中之份量為每日之總建議量，可將所需份量分別由該類中其他種類食品供給。

3. 七至九個月寶寶之食譜範例：

   早餐：米(1/2碗)、母奶或嬰兒配方食品。

   早點：母奶或嬰兒配方食品。

   午餐：魚肉泥(1/2兩)、稀飯(1/2碗)、香瓜泥(1湯匙)。

   午點：母奶或嬰兒配方食品。

   晚餐：蛋黃泥(1題匙)、麵條(1/2碗)、菠菜泥(1湯匙)。

   晚點：母奶或嬰兒配方食品。

離乳／斷乳食譜

●離乳前的準備期

年齡：五個月（準備離乳之前）

食物形態：稀釋的湯品或果汁（不加調味）

目的：讓寶寶習慣非乳品的味道，也可做爲其它階段的飲品或基礎湯頭，因爲是第一次接觸其他食物，所以湯汁都要經過稀釋（至少二倍以上的開水），原汁太濃，容易引起寶寶腹瀉，等寶寶較大時再逐漸降低稀釋比例。

必備用具：一般烹調用具、瀝湯汁的濾網、乾淨的紗布、研磨用具（研缽）或磨泥器、榨汁機

食譜：

1.蔬菜湯

　材料：

　胡蘿蔔、蘿蔔、高麗菜、大白菜、甘藍菜、花椰菜、馬鈴薯等擇一即可（依季節選用當季蔬菜）。

　作法：

　A.將蔬菜洗淨，切薄片（胡蘿蔔、蘿蔔），或剁碎（高麗菜、大白菜、甘藍菜），或切小塊（花椰菜、馬鈴薯）放入鍋中。

　B.加水到剛好淹過食材，煮爛後即可取其湯汁部分。

　C.必要時可以少許鹽調味，但要注意用量。

2.綜合湯

材料：

選擇二至三種蔬菜。

作法：

A.依「蔬菜湯」作法。

B.所選食材必須是寶寶已經適應的食材，再搭配一種新的食材，以便追蹤寶寶適應情況。

3.柑橘類果汁

材料：

橘子、柳丁、葡萄柚等類水果。

作法：

A.將果皮洗淨後切半。

B.先用榨汁機榨汁後，再以濾網過濾。

C.至少加2倍水稀釋才可給寶寶食用。

4.蘋果、瓜類果汁

材料：

蘋果、梨、美濃瓜、哈密瓜等類水果。

作法：

A.洗淨、去皮之後切片（要去籽，不要切太薄以放便研磨）。

B.蘋果、梨等易氧化水果可略泡鹽水。

C.以磨泥器磨成泥狀，再用濾網過濾。

D.至少加2倍水稀釋。

5.西瓜、蕃茄類果汁

材料：

西瓜、蕃茄、草莓、葡萄類水果。

作法：

A.將水果肉切小塊放在乾淨的紗布中央（葡萄要去皮比較不會有澀味）。

B.用紗布包好果肉，再以湯匙擠壓出湯汁（擠壓時要用手握住其餘紗布，以免果肉及殘渣流出）。

C.加2倍水稀釋。

● 第一階段（吞食期）

年齡：五到六個月

食物形態：糊狀食物

目的：重點在於讓寶寶適應半流質食物，訓練吞食的能力與習慣，所以，最主要的重點在於讓寶寶能夠接受。

必備用具：一般烹調用具、研磨用具（研缽）或磨泥器、果汁機或料理機。

食譜：

1.粥

材料：

白米（一餐量為每2公斤體重取1公克白米）、7倍水

作法：

A.白米洗淨後放入陶或瓷製容器後加水、加蓋。

B.將容器置入深鍋中（放入適量的水）隔鍋蒸煮。

C.先用大火將外鍋水煮開後，蓋上外鍋蓋，改用小火蒸1小時

即可。

■不同階段的米、水比例

	米：水
第一階段初期	1：10（稀粥）
第一階段後期	1：7（稀粥）
第二、三階段	1：5（半稀粥）
第三階段	1：4（稠粥）
第三、四階段	1：3（軟飯）
第四階段	依大人煮法
以飯煮粥	依各階段所需適情況添加水分，第一階段約加五倍的水

2.麵糊

材料：

未經漂白及添加物的麵條（乾濕皆可）

作法：

A.濕麵條切丁，乾麵條則剁小塊。

B.加水或蔬菜湯煮爛。

C.再用湯匙或研缽搗成糊狀。

D.也可先將麵條煮爛後再加入母奶或牛奶後搗成糊。

3.吐司粥

材料：

未經漂白的吐司麵包。

作法：

A.吐司一片去邊，切或撕成小塊。

B.加蔬菜湯或高湯200cc，或是牛奶與水各半。

C.以小火煮軟，邊煮邊攪拌至糊即可。

4.豆腐泥

材料：

豆腐或嫩豆腐

作法：

A.將豆腐硬皮處切除，嫩豆腐則不需要。

B.以煮開的水燙過後壓成泥即可。

C.可灑上少許鹽調味。

5.**馬鈴薯、地瓜、南瓜、芋頭泥**

材料：

馬鈴薯、地瓜、南瓜、芋頭擇一。

作法：

A.將食材洗淨、去皮後，切小塊狀。

B.放入滾中煮爛後撈起。

C.用湯匙或研缽壓成泥狀。

D.可以添加湯、水調整濃稠度，太乾寶寶不易吞嚥。

6.**蔬菜泥**

材料：

胡蘿蔔、蘿蔔、高麗菜、大白菜、甘藍菜、花椰菜、馬鈴薯等擇一即可（依季節選用當季蔬菜）

作法：

A.蔬菜切塊以開水煮熟。

B.瀝乾水分後，加入少許雞湯或清湯、蔬菜湯以果汁機機或調理機打碎，也可以用刀剁碎。

7.**水果泥**

材料：

適合製成泥狀的水果，如蘋果、梨、香瓜、香蕉、等。

作法：

A.洗淨後去皮、去籽，切大塊。

B.以磨泥器研磨成泥狀即可食用。

前面都是單一口味食物的基本烹調法，可隨寶寶成長加入其它已適應的食材，如果要添加寶寶沒吃過的食物，還是要遵照一次增加一樣的原則。

●第二階段（咬動期）

年齡：七到八個月

食物形態：能用舌頭碾碎的程度

目的：寶寶已具備基礎的吞嚥能力，這個階段以需要用舌頭碾碎才能吞嚥的半固體食物，做為寶寶咀嚼訓練的第一步驟，由於離乳食品的營養比例略為加重，寶寶能吃的食物種類也較多，因此，要開始注意各類營養的攝取。從這個階段開始，也可以讓寶寶自己用手抓食物入口，但要先將寶寶的手洗乾淨。

必備用具：一般烹調用具、研磨用具（研缽）或磨泥器、果汁機或料理機

食譜：

1.雞肉泥

　材料：

　雞胸肉

　作法：

　A.雞胸肉去筋切小塊，以開水煮熟。（不要煮太老）

　B.瀝乾水分後搗碎，加入少許煮雞肉的湯或清湯、蔬菜湯拌匀。

　C.可搭配主食。

2.魚肉泥

　材料：

　新鮮白魚肉。

　作法：

　A.魚肉切小塊後煮熟。

　B.加湯汁搗碎即可。

　C.可搭配主食。

3.蛋黃泥

　材料：

　水煮蛋黃

　作法：

　A.先用湯匙或研缽將蛋黃搗碎。

B.再加入少許加熱過的清湯或蔬菜湯拌成稠狀即可。

C.寶寶在吃蛋黃時容易因太乾而噎到，所以要注意稠度。

4.地瓜粥

材料：

米、地瓜

作法：

A.地瓜去皮切小丁，先川燙去澀味。

B.放入米中，如一般粥品煮法。

C.也可以用飯加水煮開後，放進地瓜煮爛即可。

5.牛奶蔬菜粥

材料：

米飯、牛奶、蘆荀

作法：

A.蘆荀去硬部，煮爛切細。

B.米飯先以牛奶煮軟，再放入A。

C.起鍋前可加少許鹽或起司粉調味。

6.湯麵

材料：

陽春麵條、絞肉（雞肉、豬肉、魚肉皆可）、萵苣、太白粉、鹽

作法：

A.陽春麵條先煮爛後撈起,過冷開水,切細。

B.萵苣切細,絞肉加少許鹽及太白粉拌勻。

C.清湯與A同煮,水開後先放入萵苣,再開後加絞肉煮熟。

D.可以加少許醬油調味。

7.優格沙拉

材料:

馬鈴薯、紅蘿蔔、優格、蛋黃泥

作法:

A.馬鈴薯、紅蘿蔔煮爛,切小塊或剁碎。

B.加少許鹽及優格拌勻。

C.最後舖上蛋黃泥。

8.三色豆腐

材料:

豆腐、蛋黃泥、雞肉泥、綠色蔬菜泥、高湯、麻油、醬油、醋

作法:

A.高湯適量加少許麻油、醬油、醋煮沸備用。

B.豆腐以熱水燙過後,舖上蛋黃泥、蔬菜泥、雞肉泥。

C.將A料淋在豆腐上即可。

9.雙色濃湯

材料:

高麗菜、雞肉泥、蛋黃、起司粉及鹽少許。

作法:

A.高麗菜切成適口大小的細絲,放入高湯煮爛。

B.加雞肉泥後略煮,最後加入打散的蛋黃。

C.煮開後撒上少許起粉及鹽調味。

10.南瓜布丁

材料：

南瓜、牛奶、洋菜粉、果糖

作法：

A.南瓜去籽，蒸約15分鐘後，去皮搗碎。

B.洋菜粉先以冷水攪拌備用。

C.牛奶加熱，倒入B拌勻後離火。

D.將A加入C中拌勻，酌量加少許果糖，待涼後放入冰箱。

● 第三階段（咀嚼期）

年齡：九到十個月

食物形態：用牙床碾碎的食物

目的：發展較快的寶寶在這個階段已長牙齒，因此，以需要較長時間咀嚼的食物爲主，加上離乳食品已佔百分之五十的營養比例，應該更富變化，也更要注意營養均衡。

必備用具：一般烹調用具、研磨用具（研缽）或磨泥器、果汁機或料理機。

食譜：

1.蒸魚丸子

材料：

魚肉、太白粉、紅蘿蔔、青豆莢、雞湯、醬油

作法：

A.紅蘿蔔切碎、青豆莢切細絲，以少許雞

湯及醬油煮開，最後以太白粉勾芡備用。

B.將魚肉剁成泥，加少許太白粉拌勻後做成丸狀。

C.魚丸蒸熟後淋上A料。

2. 鮭魚菠菜

材料：

鮭魚、菠菜、金針菇

作法：

A.菠菜以沸鹽水燙軟後，過冷開水（去澀），切小段備用。

B.金針菇去硬蒂，煮熟後切細。

C.適量水煮開後加入鮭魚（切細片），燜煮數分鐘。

D.倒入菠菜及金針菇，略調味後勾芡即可起鍋。

3. 菜肉捲

材料：

高麗菜、絞肉、蘿蔔泥、高湯

作法：

A.高麗菜葉切半煮軟後，用湯匙將葉脈壓碎。

B.絞肉與蘿蔔泥拌勻，作成丸狀。

C.以高麗菜葉包裹B料，加高湯煮熟（加蓋）。

D.高麗菜葉可以用萵苣代替，絞肉是雞肉或是豬肉等皆可。

4. 芋香火腿

材料：

研頭、火腿、熟青豌豆、牛奶、雞湯

作法：

A.芋頭切小塊煮軟備用。

B.火腿燙過後切碎。

C.鍋中放入等量的牛奶和雞湯，煮開後加入芋頭及火腿。

D.煮沸後加入切碎的熟青豌豆即可熄火。

5.義式豆腐

材料：

嫩豆腐、肉泥、起司片

作法：

A.豆腐放入沸水中略煮後瀝乾。

B.將豆腐放在微波專用盤中，舖上肉泥，再蓋上起司片。

C.以微波爐烘烤到起司軟化成粘稠狀。

D.肉泥可用嬰兒食品的肉醬代替，會更省時。

6.蔬菜豆腐

材料：

地瓜、紅蘿蔔、四季豆、嫩豆腐、白芝麻

作法：

A.地瓜切小塊，過水去澀後再煮熟。

B.紅蘿蔔切丁，和四季豆一起煮熟，再將四季豆斜切成細絲備用。

C.嫩豆腐放入沸水中壓碎，煮開後瀝乾水分。

D.將A、B倒入豆腐中，再加少許鹽、高湯拌勻即可。

7．奶香玉米麵

材料：

貝形義大利麵、玉米醬、牛奶、太白粉或玉米粉

作法：

A.將麵放入沸水中（不要太多），水開後以小火煮到爛（約二十分鐘）。

B.倒入玉米醬及牛奶，加少許鹽調味。

C.水開後以太白粉或玉米粉勾芡。

8.南瓜糕

材料：

南瓜、紅蘿蔔、青豌豆、糖

作法：

A.南瓜煮軟搗成泥狀，加入許少糖同煮。

B.紅蘿蔔切碎與青豌豆煮熟，加入A之中。

C.將拌好的材料壓裝在模型內，冷卻後再切開。

9.紅蘿蔔布丁

材料：

紅蘿蔔泥、蛋黃、牛奶

作法：

A.蛋黃打勻後加入牛奶。

B.加入煮熟的紅蘿蔔泥，以少許蜂蜜調味。

C.倒入蒸碗中，以弱火蒸十五分鐘。

10.瓜香優格

材料：

瓜類水果適量、小黃瓜、起司粒

作法：

A.瓜類水果去籽，小黃瓜去皮，切小丁。

B.將A與起司粒拌勻即可。

C.水果可以蘋果或香蕉替換，起司粒也可以用優格代替。

●第四階段（完成期）

年齡：十一個月到一歲左右

食物形態：能用牙床或牙齒碾碎的食物

目的：這個階段寶寶的飲食幾乎與大人無異，有時可以和大人一起用餐，但仍要注意食物要低鹽清淡，不要太過油膩，太硬或太黏稠的食物要避免，以免寶寶噎到。

食譜：

1.紅蘿蔔三明治

材料：

紅蘿蔔、小黃瓜、蛋黃沙拉醬、檸檬汁、吐司、奶油

作法：

A.紅蘿蔔、小黃瓜洗淨，去皮、磨碎。

B.在A中加入蛋黃沙拉醬、檸檬汁拌勻。

C.吐司去邊，先塗上薄薄的奶油，再塗上B料，做成三明治。

D.切成適合寶寶自己拿的大小。

2.飯蛋捲

材料：

蛋、米飯、雞絞肉、洋蔥屑、橄欖油、蕃茄醬

作法：

A.洋蔥以橄欖油略炒，加入雞絞肉炒至九分熟後放米飯拌勻，以少許蕃茄醬調味。

B.以平底鍋煎蛋皮，再放入A料捲成圓桶狀。

C. 起鍋後再淋上少許蕃茄醬。

3. 蕃茄粥

材料：

米飯、蛤蜊、蕃茄、甜豌豆

作法：

A. 蛤蜊略湯過，取肉切碎。

B. 蕃茄略燙，去皮去籽切碎。

C. 以二倍水將米飯煮開（可用燙過蛤蜊的水）。

D. 將A、B及甜豌豆加入C中，煮開即可。

4. 蒸蛋

材料：

蛋、牛奶、雞胸肉、馬鈴薯、菠菜

作法：

A. 雞胸肉切小丁，加少許太白粉拌勻。

B. 馬鈴薯、菠菜煮熟，切小丁。

C. 蛋打散加牛奶及少許鹽（一個蛋約150毫升的牛奶）。

D. 將A、B、C倒入蒸碗中。

E. 鍋內加水約到碗的三分之一高，蓋上鍋蓋，水沸後先以中火煮約二分鐘，再換小火煮約十五分鐘。

5. 海味鮮湯麵

材料：

烏龍麵、裙帶菜、白芝麻、高湯

作法：

A. 烏龍麵切小段，裙帶菜泡開切碎，芝麻搗碎。

B.將A放入高湯煮沸後，以中火煮軟，再以少許醬油調味即可。

6.香蕉布丁

材料：

香蕉、蛋、牛奶、蜂蜜

作法：

A.香蕉去絲搗成泥。

B.將蛋在蒸碗中打散，加少許蜂蜜。

C.將加溫的牛奶，和香蕉放入B之中拌勻。

D.小火蒸十五分鐘左右。

特殊調理食譜

■蘋果米湯

材料：

米1杯、水10杯、蘋果適量

作法：

A.米加水煮爛取米湯備用。

B.蘋果磨成泥加等量的米湯即可。

適用：

拉肚子、發燒、打噴嚏。米湯中的碳水化合物可以補充電解質，可以減輕寶寶對冷空氣的過敏症狀。

■蜂蜜蘆薈泥

材料：

新鮮蘆薈、蜂蜜

作法：

C.蘆薈洗淨去皮取透明肉部分。

D.放入果汁機中，加一湯匙的蜂蜜打成泥即可。

適用：

發燒、喉嚨痛的寶寶（一歲），可提升免疫力、抑制發炎、預防感冒。

■杏仁豆腐

材料：

甜杏仁100公克、洋菜10公克、冰糖160公克、牛奶（或鮮奶）400cc

作法：

A.杏仁洗淨，加熱開水加蓋浸泡6分鐘後，趁熱取出杏仁的種皮和芽。

B.洋菜切成1公分狀，放入水中泡軟後瀝乾。

C.杏仁加水以果汁機打成泥狀後，以大火煮開，再轉小火煮約25分鐘（要經常攪拌，以免焦味）。

D.煮好後溶入洋菜，先過濾再加入冰糖及牛奶。

E.攪拌好倒入容器中，先放入冷凍庫15分鐘，再移至冷藏室，隨時可取用。

適用：

呼吸器官虛弱、容易疲倦、患有過敏症、扁桃腺容易發炎的11至12個月大的寶寶，也可當作平常的甜點。

■杏仁百合粥

材料：

甜杏仁、生百合、白米、冰糖

作法：

A.甜杏仁去皮蒂（方法同「杏仁豆腐」A），和生百合一起煮爛後打碎。

B.白米加十倍水煮爛後，加入A及冰糖，轉小火煮開即可。

適用：

呼吸道容易感染的寶寶，趁熱喝可以補中益肺、化痰止咳。

■高纖蔬菜飯（粥）

材料：

糙米或胚芽米1杯、白米1杯、蔬菜2-3種

作法：

A.糙米或胚芽米先浸泡後和白米一起煮成飯或粥。

B.蔬菜切小塊後略煮（不要過久以免維生素被破壞）。

C.吃的時候可以加些檸檬。

適用：

改善腸胃消化不良、便秘等。

■開心蓮藕湯

材料：

蓮藕2-3節、豬心1顆、鹹橄欖1粒（中藥店有售）

烹調方式：

A.蓮藕、豬心洗淨切片，和橄欖一起放入容器中。

B.加水至覆蓋所有材料後密封，隔鍋煮爛即可。

C.全部材料用紗布擠壓出湯汁後即可餵食。

適用：

改善個性憂鬱、偏激的孩子，放鬆心情。

Q&A

●寶寶不接受離乳食品怎麼辦？

■第一次吃還不適應

寶寶剛開始接觸非奶類食物時會有不同的反應，有些是十分好奇躍躍欲試，有些是相當排斥，如果寶寶是在剛開始時即不接受離乳食品，那麼可以從比較容易接受的果汁開始，或是以寶寶熟悉的母乳或牛奶調製米糊，可以增加接受度。如果寶寶是不習慣餵食的方式，要減少每一口的量，讓寶寶可以很快地吞下，增加信心，別忘了給予適時稱讚與鼓勵，可以提高寶寶嚐試的意願。

■身體可能不適

有時候寶寶突然不想吃離乳食品可能是身體不適，例如喉嚨痛、腸胃不適等，有時候可能連母乳或牛奶也不想吃，那就要觀察是否有其他症狀，必要時向小兒科醫師諮詢。

■新鮮感消退

有些寶寶一開始對離乳食個興緻很高，但是可能會一陣子新鮮感消退，就會想吃奶省得麻煩，通常這一類寶寶比較好奇，可以試著運用食物的配色、湯匙及碗的造型等來引起注意。

■準備的食物不喜歡

寶寶也會有對食物的喜好，有時是因為不喜歡準備的食物，所以不想吃，也有可能是吃膩了，遇到這種情況，除了要多觀察寶寶的喜好反應，找出不喜歡的食物，還要在烹調上多做變化，也可以暫時不要餵他不喜歡的食物，等過一段時間再試。

■烹調方式不喜歡

當寶寶從糊狀食物進到塊狀食物時，有時會因爲不喜歡咬而拒絕吃，面對這種情形，可以將食物再煮爛一些，或是一半糊狀、一半塊狀，但要先吃塊狀食物。有時也有可能是食物的搭配、調味的方式等，換一種煮法也許寶寶就接受了。

●寶寶只偏好某一種食物，不想吃其它的，該如何改善？

■調味不要過重

寶寶的味覺很早就跟大人喜好相近，對甜食總是偏愛，以水果爲例，他可能在嚐過香蕉後就不想再喝酸的柳丁汁，所以在烹調時除了儘可能調味不要過重，也要將口味較重的食物延後餵食時間，或是經過烹調處理，將口味淡化。

■以微量添加其他食物

當寶寶有偏食傾向時，可以用「暗渡陳倉」的方式，在他喜歡的食物中慢慢一點一點地添加其他類食物，等他接受後就可以試著另外餵食。

■飢餓時嚐試新的食物

比較無法接受新食物的寶寶，要特別選在寶寶飢餓的時候餵食，因爲肚子餓，寶寶通常會提高接受度，等他適應後就可以和其他食物一起料理了。

■發揮創意時刻

寶寶的喜好，主要照顧者最清楚，當寶寶只喜歡吃某一種食物時，就是大人們發揮創意的時刻，爲了寶寶的健康，不厭其煩地多方嚐試，也許會創造出不可思議的美味也說不定。

●寶寶常拿食物玩耍，吃東西也不認真，該如何處理？

■在安靜的環境中用餐

　　五、六個月大的寶寶開始有十分旺盛的好奇心，看到任何東西都想研究一下，如果寶寶拿到食物，先看一看玩一玩，之後還是會放在嘴巴裡，不用太急於擔心。平時應讓寶寶習慣在安靜的環境用餐，一方面比較不會讓寶寶分心，一方面也讓寶寶知道吃飯要專心，而養成良好的用餐習慣，比較不會有玩食物的情況發生。

■肚子還不餓，減量餵食

　　有時候在寶寶還不餓時就要用餐了，可能是時間未到，也可能是活動量太少，消耗量不夠，如果寶寶真的還不餓，又想建立他的規律性，可以酌情減量，如果怕寶寶之後肚子餓，可以準備點心，但是不要太多，以免影響下一餐。

■更換口味

　　當寶寶開始玩食物時，可能是因為不喜歡吃，適時更換口味，可以引起寶寶興

趣。

■養成良好的用餐習慣

　　良好的飲食習慣要從小培養，而最佳的典範就是家人，當寶寶把玩食物太過分時，可以暫時將食物收走，而且以堅定的態度表明不贊同，較大寶寶可以試著說明讓他理解。

第三章　發牙期飲食

為寶寶長牙做準備

●長牙前的觀察

當寶寶的牙齦出現略微浮腫、飽滿狀態時，就是即將長牙的徵兆。大約四到六個月大會長出第一顆牙，正好是寶寶第一階段離乳的時期，為了方便檢查寶寶長牙的狀況，以及後續的牙齒保健工作，發現長牙徵兆前，媽媽就可以在充分清潔手指之後，試著以手指輕按、檢查寶寶的牙齦，讓寶寶習慣這個動作，有助於日後幫寶寶清潔口腔。

●長牙時期常見的症狀

通常在長牙期的寶寶，如果出現哭鬧、流口水、發燒、拉肚子等症狀，許多長輩會以「長牙齒的正常現象」而一語帶過，其實，寶寶長牙未必會出現這些症狀，同樣的，在這個階段出現上述的情形未必完全是由長牙所引起，所以不能輕忽，還是要找出真正的原因，一般長牙期容易出現的症狀有：

■流口水

古禮在寶寶四個月大時舉行「收涎」儀式是有跡可尋的，寶寶在三個月大左

右由於唾液腺開始發育，口水逐漸增多，到五、六個月大時特別明顯，剛好符合長牙的時間點，所以常會有人將流口水視為長牙的典型症狀，其實，導致寶寶流口水增多的因素有很多，有些剛好是因為時間的巧合影響口水的量：

1. 唾液腺的成熟，口水分泌增加。

2. 口腔肌肉控制能力較弱以及口腔容積深度不足，無法控制口水外流。

3. 吞嚥能力尚未發達，來不及將口水吞下。

4. 長牙時牙齦腫脹的不適或疼痛，造成口水增多。

5. 身體不適：口腔發炎或潰瘍如鵝口瘡；鼻塞時張口呼吸；顏面神經或口腔顏面構造異常，如兔唇、腦神經麻痺等，會導到吞嚥困難。

基本上，前五項因素，等寶寶約二歲左右逐漸成熟，自然會獲得改善，值得注意的是最後一項，有時會發生在口水量減少或停止之後，又再度明顯增加，或者是口水的流出量突然激增，那就要注意是什麼因素造成，不要一味單純地以「長牙」概括，尤其是二歲之後若是流口水的症狀未改善，而且合併其它發育異常，最好做一次詳細檢查。

Doc.'s reminder
醫‧師‧小‧叮‧嚀

寶寶流口水時要特別注意嘴巴四周的清潔，或者是塗上嬰兒專用油性護膚膏如凡士林，來預防局部皮膚感染、起疹、發炎等；還要勤於更換圍兜及衣物，以免細菌孳生或有異味。

■發燒

有些寶寶在長牙期會有輕微發燒的現象，但是不會出現高燒不退或合併其他呼吸道感染的症狀，如咳嗽、鼻塞、喉嚨紅腫等。寶寶六個月大的時候正好是體內來自母親的抗體轉弱，而自體免疫系統又尚未建立的時期，很容易受感染，所以還是不要輕忽寶寶發燒，尤其是合併其他病兆時，應儘早就醫。

■腹瀉

寶寶從五個月大開始進入離乳階段，正是腸胃適應新食物的時機，再加上（1）遺傳自母親的抗體逐漸消失，免疫能力轉弱。（2）手口協調能力增強，再加上牙齦的不適，會讓寶寶看到任何東西都想拿來「嚐一嚐」、「磨一磨」、「咬一咬」，以滿足好奇心及口腔的需求。所以，寶寶很可能會因吃進不適應的食物，或是不乾淨的東西，因此，腹瀉的機率大增，長牙並不會造成腹瀉，要注意的是環境的清潔，以免「病從口入」。

■哭鬧

長牙對寶寶來說確實會有一些不適，如牙齦發炎、腫脹，還有突然冒出來的「口中異物」，對寶寶來說絕不會是令人愉快的事，所以偶而會有哭鬧的現象。然而，不容忽視的是，五到六個月大的寶寶，心智及

各感官知覺正在快速成長中，對外界的好奇、探索及行動力不足的挫敗，都可能讓寶寶不盡如意，所以「哭鬧」多少帶有心理上的需求，這一點，還要父母們多加觀察，解決寶寶際上的需要。

乳齒的成長時機

乳齒成長的時間因人而異，例如以前人說「七坐八爬九發牙」，指出寶寶到九個月大才長牙，但也有些寶寶四個月大就開始長出第一顆門牙，所以成長的時間表也只是一個標準值，僅供參考。通常到寶寶滿一歲左右會長出約八顆乳齒，如果寶寶長牙時間真的和標準值差異太大，還是要向牙科醫師諮詢，或者先向兒科醫師詢問亦可。

■乳齒成長時間表

6–9個月	下顎中門牙齒
15–18個月	下顎第一臼齒
9–10個月	上顎中門牙齒
16–19個月	上顎犬齒
10–12個月	上顎側門牙齒
17–20個月	下顎犬齒
12–14個月	下顎側門牙齒
24–27個月	下顎第二臼齒
14–17個月	上顎第一臼齒
25–29個月	上顎第二臼齒

口腔保健

●乳齒的重要性

許多人將乳齒視為寶寶成長中的「過客」，最後終會被恆齒替換，所以並不在意乳齒的保健，其實自然造物必有其功用，乳齒的健康與否不只是影響日後恆齒的發展，更會影響及咀嚼、發音

甚至是臉型發展等。

■維持恆齒的發展空間

乳齒可說是恆齒的「先發部隊」，擔負著重要的「卡位」工作，如果在恆齒長出之前，乳齒就因蛀牙或外力因素缺損、提早掉落，那麼相鄰的乳齒便會往空出來的位置成長，而引起骨牌效應，不及時處理，會擠壓將來恆齒的空間，阻礙恆齒的生長，甚至長不出來，所以，乳齒存在的重要理由之一就是為了維持恆齒的空間，讓它能順利生長。

■咀嚼

寶寶在六個月左右開始吃離乳食品，依運用舌頭、牙床、牙齒的順序來訓練咀嚼能力，而最終目的就是讓寶寶利用牙齒來咀嚼食物。當乳齒蛀牙不適，甚至是缺損的時候，會讓寶寶因疼痛而食欲不振，造成營養不良；還會影響寶寶咀嚼的習慣，例如食物未充分咀嚼即吞下，長期下來會造成消化系統的負擔，對健康有不良的影響。

■發音

寶寶在滿十二個月以前就開始學習語言，在整個發音的學習過程中，乳齒擔任重要角色，如果有掉落、缺損，會影響發音的準確度，造成口齒不清，而對於語言發展最快速的學童而言，更會造成信心喪失，而不敢開口。

■臉型發育

臉部發育和牙齒成長的狀態，以及咀嚼習慣有很密切的關係，上、下顎骨影響著臉部發育，而牙齒的端正、良好的咬合以及正確的咀嚼、又會影響上、下顎的發展，例如習慣以單邊咀嚼食

物，會造成臉部線條及上、下頷發展不均衡，也就影響臉型了。

●蛀牙的成因

■時間

　　食物在口中停留的時間愈長，就代表著蛀牙的機率向上攀升，所以時間是決定蛀牙與否的重要因素之一，如果要避免寶寶蛀牙，吃完東西後的潔牙工作不可省，因為這可以縮短食物附著在牙齒上的時間，減少牙齒被腐蝕的機會。

醫・師・小・叮・嚀

■別讓寶寶得了奶瓶性齲齒：
3歲以前的寶寶常會有含著奶瓶睡覺的習慣，在寶寶入睡後，唾液分泌量會減少，使得乳汁附著在齒面上，成為細菌孳生的溫床，這種情形所造成的齲齒現象，就是奶瓶性齲齒。

奶瓶性齲齒預防方法：（1）及早戒除含著奶瓶睡覺的習慣，並且縮短每一次喝奶的時間。（2）真要含著奶瓶入睡，可以暫時用開水代替牛奶，不可以用其它蜂蜜或飲料代替（3）養成良好的潔牙習慣。

■物

　　會影響蛀牙的物可從三方面來看：（1）侵蝕牙齒不可或缺的牙斑菌，會分解食物而產生蝕牙的酸性物質。（2）食物，如果口中沒有食物，細菌也無法產生腐蝕物質。（3）食物，特別是甜食，容易轉化成酸，是蛀牙的大幫手，而沾牙的食物因為會延長附著的時間，又不容易清理，也會提高蛀牙的機會，所以同樣是食物，導致蛀牙的機率也不盡相同。因此，慎選飲食內容也能

達到防止蛀牙的目的。

■人

　　人的影響對一、二歲以前的寶寶而言更加重要，可以從二方面來看：（1）寶寶的營養是否均衡，是否能夠強化牙齒抵抗細菌的侵蝕，也會決定蛀牙的程度與速度。（2）父母是否建立寶寶良好的潔牙習慣，是否勤於幫寶寶潔牙，是否正確的潔牙讓牙斑菌無機可乘，更是二歲以前寶寶蛀牙的重要關鍵。所以，若能寶寶和父母充分配合，寶寶一定能有一口好牙。

●牙齒保健不二法門——潔牙

■清潔工具

　　1.**紗布**：從寶寶出生到剛長出乳齒，不論是清潔牙齒本身、牙齦或牙床，都要十分小心，柔軟的紗布是使用牙刷前最佳的潔牙工具，要選用消毒過的紗布，質地不可太過粗糙，以免傷害寶寶。

　　2.**牙膏**：牙膏的使用必須要等到寶寶會漱口時，否則寶寶會將牙膏吞下，甚至會因牙膏的甜味而吃得津津有味。在牙膏的選用上要注意含氟者為佳。

　　3.**牙刷**：要選用軟毛、圓頭，放入口腔可以輕鬆地刷到後面的牙齒，刷毛至少三到四列，刷毛的長度約一次刷三到四顆牙的長度，刷柄容易握住，有些兒童牙刷為了吸引孩子而設計特殊造型的握柄，但是握起來不見得順手，在挑選上要特別注意。當刷毛彎曲外翻，就要更換牙刷，以免傷害牙齦。

　　4.**牙線**：牙線的功用常被視為清潔塞在牙縫的食物，實際上牙線的另一重要功用是清潔牙縫的細菌，所以，不一定只有食物塞

住牙縫時才需要使用牙線，寶寶的齒縫通常較大，所以塞牙縫的機會較少，但仍要利用牙線清潔，一天至少一次。

■時機與方法

1.**口腔清潔愈早愈好**：早在乳牙長出之前，就要開始進行口腔的清潔工作，一方面讓寶寶即早養成食後清潔口腔的習慣，另一方面也可以杜絕口內的細菌孳生，所以，最好在寶寶能接受清潔動作，就開始進行，而在寶寶接受之前，可以先養成食後漱口的習慣。

2.**刷牙姿勢**：（1）取可以清楚看到寶寶口腔內部的位置，大約站在寶寶的後側方。（2）較小的寶寶要斜躺在大人腿上，臉轉外四十五度，以免被口水等嗆到。（3）等寶寶會坐或站時，寶寶可以扶桌站立，或是坐著，讓寶寶頭部微仰，方便潔牙工作進行。（4）一手包紗布或拿牙刷，另一手則將寶寶嘴巴撐開。

3.**長牙前**：先讓寶寶喝幾口開水，沖掉部分乳汁或食物，再以手指捲紗布，沾少許溫開水（紗布太乾容易傷及寶寶的口腔），輕輕地擦拭寶寶的牙齦、舌頭，將食物殘渣清出，最後再喝幾口水。

4.**乳齒長出後**：（1）使用紗布時，要準備較大面積，可以包住食指及姆指，以溫開水沾濕後，以類似拔牙的方式，輕擦寶寶的牙齒，要清意力道的控制，太過用力恐傷及牙齦，未長牙的部位及舌頭也要清理。（2）等寶寶較大時可以改用寶寶專用的牙刷，幫寶寶刷牙時，視線要與牙齒平視，比較看得清楚，由於乳齒比較矮胖，為免傷及牙齦，可以採水平橫向刷法，每一面都要刷到，包括舌頭。

5.**寶寶自己刷牙**：在寶寶六歲以前，即使已經學會自己刷牙，父母也要擔最後的檢查工作，而一歲的寶寶因為模仿企圖十分旺盛，可以在父母的監督下，試著讓寶寶自己拿牙刷，不過最後父母還是要再幫寶寶刷一次。因為一歲的寶寶開始具有簡單語句的理解能力，在讓寶寶自己拿牙刷之前，要特別聲明，務必在大人陪同下才能進行，而且也不可將其它物品或玩具拿來刷牙，以免發生危險。

6.**應注意事項**：（1）剛開始寶寶會不適應大人將手指放入口中的動作，不要勉強，另外找適當時機再試。（2）當發現寶寶的牙齒上有黑點或口腔內有白斑等異狀，可能是蛀牙或口腔疾病，要請牙醫師檢查，及早處理可及早治療。（齒根部位容易藏垢，要注意清理）。

■**時間與頻率**

最好養成吃完東西即潔牙的習慣，但是爲了方便，也不要讓寶寶覺得麻煩，至少睡前那一次要特別仔細，其它時間至少要做到以開水漱口。

●牙齒保健的另一妙招——飲食

■**良好的飲食習慣**

1.**不偏食**：均衡的營養是牙齒健康的根基，六個月以前喝母奶的寶寶不需擔心營養問題，開始離乳之後，就要注意營養的攝取，不要偏食。

2.**定時**：飲食的規律性方便掌握寶寶吃東西的時間，有助於潔牙工作的安排與進行，也讓寶寶可以明確地知道，吃完東西要潔牙，而潔牙之後就不要再吃東西，一直到下次進食爲止。

■**飲食控制**

1.**減少容易導致蛀牙的食物**：如黏滯性高、含糖及精製的糕餅類、含糖飲料和碳酸飲料等。

2.**食物的選擇**：多攝取富含鈣質的食物，例如乳製品、豆類、蚵之外，還有含氟的食物，像是芋頭、綠茶、深海魚等。

3.**不要過早讓寶寶接觸甜食**：甜味是最容易吸引寶寶的，所以在離乳期就要注意甜食的量，最好不要太早讓寶寶吃甜的食物，以免一旦「吃到甜頭」就無法控制。

4.**餐間點心類要多變化**：多安排甜食以外的食物，如蔬果類、低糖食物等；在購買食品時也要注意其成分及含糖量，選擇低糖的食品；易蛀牙食物在用餐後食用可以控制食量，吃完後要馬上

潔牙。

5.父母的飲食、潔牙習慣要和寶寶一致：不能自己嗜吃易蛀牙食品卻限制寶寶吃；也不要拿甜食小當作獎勵，這等於是間接鼓勵寶寶重視甜食。

易致齲食品	糖果類 巧克力 口香糖 硬水果糖 棒棒糖 花生酥 太妃糖等	糕餅類 冰淇淋 甜甜圈 蘋果派 蛋糕 含糖餅乾等	飲料類 巧克力牛奶 可可 汽水 可樂 加糖果汁等	水果類 葡萄乾 水果罐頭等	塗抹類 果醬 蜂蜜 花生醬等
建議取代食品	爆米花　蘇打餅乾　低糖分飲料 無糖分口香糖　花生　核桃　葵瓜子 饅頭　包子　酪餅等			未經加工之 生鮮蔬果	雞肉塊 肉鬆 魚鬆 魷魚絲

資料來源：行政院衛生署2002年8月

● 其他影響乳齒發展的因素

■ **睡姿**

東方人臉型輪廓不深，因此，不少父母會選擇讓寶寶趴睡，期望有漂亮的頭型及凹凸有致的外表，但是趴睡會使上、下頜骨向內擠壓，而使得牙齒正常發育的空間變窄，而產生牙齒排列擁擠，容易導致日後恆齒前後交錯不整的現象，因此，寶寶趴睡的時間不要過長。

■ **奶嘴**

常期含著安撫奶嘴或吸吮手指，容易造成上頜齒弓外突，而導致嚴重的暴牙，不僅影響美觀，也會造成牙齒咬合問題，所以在寶寶清醒時，儘量吸引寶寶的注意力，入睡後則儘可能將奶嘴取

出，減少吃奶嘴的時間。

發牙期食譜

嚴格說起來，發牙期食譜和一般食譜並無不同，只要寶寶吃得下就可以，只要飲食均衡，各階段的食譜皆可運用，重點是要瞭解寶寶的需要，陪他度過這段「牙癢癢」的時期。

● 酸乳涼麵

材料：

細通心麵、優格、少許柳丁汁

作法：

A. 通心麵煮軟，切短。

B. 加以優格拌勻，食用前加少許柳丁汁。

優格可以促進食慾，涼麵可以減緩長牙時的牙齦不適，吃起來爽口，較早長牙的寶寶要食用時，可以將麵條搗成糊，成為麵糊。（自製優格可參考郭純育醫師著「腸內革命─乳酸菌」一書）

● 鱈魚玉米濃湯

材料：

鱈魚、玉米醬、牛奶

作法：

A. 鱈魚蒸或煮熟，去皮、刺搗碎。

B. 玉米醬加牛奶煮沸，再倒入鱈魚，水開即熄火。

濃湯類在長牙期可以增加水分的攝取，有豐富的營養，也方便

吞嚥，較大寶寶可以將鱈魚切小塊即可，鱈魚可用任何深海魚代替。

●芝麻香芋

材料：

芋頭、芝麻、醬油（或糖）

作法：

A.芋頭蒸軟，切小丁，裝盤。

B.芝麻搗碎，加少許醬油（或糖），以清湯拌成稠狀。

C.將B淋在A上即可。

芋頭是少數含氟的蔬菜之一，如果硬度適中還以訓練寶寶咀嚼能力。而且鹽、甜皆宜，可視寶寶喜好更換口味。

●起司豆腐三明治

材料：

豆腐、起司片

作法：

A.將豆腐去水後橫切成二塊，再把起司片夾在中間。

B.在蒸盤內蒸約五分鐘。

C.可以淋上蔬菜泥或水果泥。

東方的豆腐和西方的起司都屬高鈣食品，二者組合更有不同風味，口感滑嫩，適合寶寶吞嚥，也可以減緩牙齦的不適。

●蔬菜凍

材料：

雞骨、洋蔥、芹菜、紅蘿蔔、洋菜

作法：

A.洋蔥、芹菜、紅蘿蔔切塊，和雞骨一起加適量水熬成高湯（小火約二小時）。

B.將煮熟的紅蘿蔔、芹菜切碎。

C.將分離出的高湯加熱放入洋菜、B料拌勻。

D.水開後裝盛在碗中，待涼後食用。

凍類食物也相當適合長牙期的寶寶，如果不加洋菜擬凍，也可以多加一些菜肉煮成濃湯，或是做為料理的湯底。

秋之卷
Volume 3 親密

左三圈，右三圈，脖子扭扭，屁股扭扭；早睡早起，咱們來做運動。

（節錄自許常德作詞「健康歌」）

第一章 和寶寶的親密接觸——
按摩、運動、遊戲

用按摩的掌心傳達愛意

●按摩能刺激免疫系統

持續對寶寶進行按摩活動，不但能刺激寶寶的免疫系統、消化系統、呼吸系統，也能強化神經系統，促進血液循環。

按摩可以讓身體肌肉放鬆，也可以幫助壓力的減輕，能同時消除生理和心理的壓力。

●按摩可以刺激中樞神經系統

按摩可以使中樞神經興奮，讓神經系統、荷爾蒙系統機能更加活潑。例如針對較虛弱的寶寶進行按摩，可以喚醒半睡眠狀態的中樞神經系統，進而開始正常運作。

●按摩能促進淋巴液流動

按摩能刺激淋巴液的循環，活化組織廢物的排除、再生的作用，增強組織的代謝機能。

●按摩對肌肉有多種功用

不同的按摩方式對肌肉有不同的作用，因而達到不同的功效。例如：按摩能快速消除肌肉的疲勞，而一般的按摩方式能使肌肉鬆弛，而敲擊、振動的按摩方

式會引起肌肉收縮。

● 按摩能消除負面清緒

　　按摩對寶寶的知覺、智能，甚至是人際關係的發展具有正面的意義，研究顯示，按摩可以消除焦慮、煩燥等較負面的情緒，讓寶寶身心都能得到紓緩，有助於情緒安撫及信心的建立。

● 按摩能促進親子關係

　　撫摸、擁抱、按摩等親密的接觸行爲，有時甚於言語的表達，透過實質的互動方式，更能促進親子之間的情感交流，增加彼此間的信賴，可說是親子間絕佳的互惠活動。

按摩能幫助身心發育

　　藉由按摩觀察寶寶的身體狀況及反應，針對較遲頓或敏感、緊繃的部位加以刺激或減壓，也有助於寶寶身心及智力的發展。

和寶寶一起做運動

● 運動與身體機能

■促進新陳代謝，強化運動肌肉

　　運動能加速血液及運動部位肌肉的代謝作用，肌肉在運動時所消耗的營養物質比靜止時多出三倍，耗氧量則多了七倍，肌肉也因此得以成長、強壯。

■促進骨骼發育

　　運動以肌腱的收縮作爲媒介，也同時刺激著覆蓋骨骼的骨膜，所以能夠促進骨骼的發育，促使骨骼增長、強化。

■刺激大腦皮質

　　運動時肌肉以神經作爲媒介，連絡大腦的皮質細胞，整個運動

的過程就是肌肉、神經、大腦皮質細胞不斷的交互作用，所以，運動也可說是一種大腦運動，也同時刺激、活化大腦皮質。

●減少壓力及負面情緒

運動能同時消除生理、心理的壓力，對寶寶而言，運動是代表著愉悅，藉由運動時自律神經和荷爾蒙的作用，而讓寶寶有喜悅的情緒，這對心、肺、血管，甚至是消化系統都有很大的影響，也有益於血液循環及代謝機能。

●運動的階段性目的

■三個月大

促使寶寶下肢屈肌、伸肌力量的平衡，以及強化手臂機能，讓寶寶學會改變姿勢的方法。

■四到五個月大

讓寶寶手臂運動機能更發達，並且練習改變姿勢的動作，進行移動、爬行的準備，也要慢慢培養寶寶運動的韻律感。

■六到九個月大

透過運動強化寶寶坐、站、爬時的肌肉，並且讓各種肌肉能具有協調性，增強律動感，如果能搭配口語上的動作指導，還可以同時培養寶寶聽、說的能力。

■十到十二個月大

能將語言及動作聯結，而且能準確地執行動作，為步行及直立發展做準備。

透過遊戲看世界

●開啟寶寶探索之窗

對寶寶而言，遊戲是一種與生俱來的能力，也可以說是第二生命，他們透過遊戲來建構腦中的世界，也經由遊戲的方式探索未知的事物。許多成人眼中理所當然的事，在寶寶看來是極具趣味及挑戰性的，即使平常如水倒入杯中的聲音變化或是隨風飄動的紙片，都足以吸引寶寶專心傾聽，或是呵呵大笑，這些都是生活中的「遊戲」，而不只侷限在玩具的操作或是刻意安排的規則遊戲。

從寶寶發展過程來看，遊戲可以說是寶寶認識世界的橋樑，也開啟了他探索新世界的窗口，無論是經由成人有意識的引導或是寶寶自行隨機發展，對嬰幼兒來說，都是成長中的重要歷程，透過遊戲，寶寶可以將重要的感受及經驗轉化成具體的概念，並藉此探索並學習真實世界的一切事物。

●為腦力上發條

寶寶的一切活動都可以說是一種遊戲，也是一種生活的學習，許多認知概念的形成，也是透過遊戲加深、加廣，例如，物體恆存的概念在「躲貓貓」中強化，積木則可以堆疊出形狀、大小、顏色、分類、空間

等概念，而在遊戲的過程中逐漸建構出寶寶因果、推理及邏輯的能力。

想像力也是在遊戲中日益成長，寶寶以自己的經驗做為想像的基礎，天馬行空，跳脫成人的邏輯概念，創造力由此萌生，如果父母們能順勢藉著遊戲和寶寶互動，無疑是幫助寶寶更快開啟學習及創造之門。

●穩定情緒減輕壓力

部分研究兒童發展的學者認為，遊戲是單純的體力消耗，只為發洩過剩的精力，即使如此，寶寶除了在遊戲中讓神經肌肉的活動協調與發展—精熟粗動作（如爬行、行走等，本書將屬於這部分「遊戲」在「按摩」及「運動」章節中介紹），以及精細動作（如手眼協調等），更可以讓寶寶在情緒及壓力方面有一個發洩的管道。

遊戲的愉悅可以消除疲勞及生活中的緊張，也提供一個發洩積壓內在情緒及壓力的管道，而面對現實生活中不可控制的挫敗，也能透過遊戲獲得掌控的滿足與信心的建立。遊戲也能讓寶寶轉化壓力及負面情緒如憤怒、焦慮、沮喪、失望等，以達到心理上的平衡，減輕心靈上的傷害及挫折，並在遊戲中學會如何控制。

●在遊戲中學習與人相處

許多遊戲需要與人互動，尤其是寶寶在八個月大後更具行動力，對人感到強烈的興趣與需要，也因此有許多機會是和他人（成人或孩童）一起玩遊戲，雖然大部分的人都會在過程中，以寶寶為主，順著寶寶的興趣更改遊戲方式，但是仍有些部分人際相處的方法在遊戲之中建立，充其是和其他孩童玩耍時，更能突

顯出問題，例如不能搶玩具、不可任意打人等制約性的規範，或者是正面的習慣養成，如學習等待、輸贏、交換等遊戲規則，隨著寶寶能理解的語彙及動作意義日漸增多，初步的人際相處及品德陶養，也慢慢在遊戲中建立。

另一種遊戲中自然形成的默契就是分工，分工合作的概念可以從幾方面成形，如遊戲本身——角色扮演，遊戲過程——主動與被動地位互換，遊戲結束——場地的恢復與收拾等，較小的寶寶在成人的引導中擔任輔助者的工作，可以進簡單的分工任務，例如把娃娃放到籃子裡等，隨著寶寶的成長，分工的工作就可以自行分配完成，而這些方式及概念將是日後與他人相處的經驗基礎。

●親子歡樂互動

相信父母們常可以感受寶寶傳達出「跟我玩！跟我玩！」的訊息，不論是透過肢體或是語言，寶寶通常是希望有人和他一起玩，特別是父母親的陪伴，更能增加他參與遊戲的動力。

遊戲是親子之間的最佳互動，在遊戲的過程中可以培養溝通的默契及式，寶寶可以從遊戲中獲得情感上的滿足，父母們也可以從遊戲中觀察、暸解寶寶的偏好、習慣及性格傾向等，在愉快的氣氛中經營親子關係，讓彼此更貼近，也是寶寶最喜歡的交流方式。

第二章 親子互動應注意事項

按摩應注意事項

●寶寶能夠欣然接受

　　嬰幼兒按摩最重要的是孩子的接受度，及按摩者的方式，按摩時必須在雙方都能放鬆的心情下進行，如果孩子有抗拒、排斥、哭泣或者是表現疲累的反應，表示他不想進行或是方法錯誤，這時就要立刻停止，不可以太過急躁。

●環境要舒適

　　室內溫度要維持在22℃左右，尤其是冬天更要注意保暖，以[免在按摩過程中受涼，室內溫度也不能太熱，溫度太高寶寶容易煩燥不適，讓按摩無法順利進行。躺臥的軟墊宜適中，太硬則容易受傷，太軟則在按摩時不容易施力。

●進食後不要馬上進行按摩

　　剛吃飽時進行按摩不但會影響消化系統作用，也容易讓讓寶寶因不適而排斥，最好是用餐後一到二

小時進行。不過若能在飯前給予適當的按摩二至三分鐘，可以促進孩子的食欲，幫助消化。

●採漸進式進行按摩

剛開始進行按摩時要仔細觀察孩子的反應，以漸進的方式，從一、二分鐘慢慢拉長按摩時間，最長以不超過二十分鐘為限。在按摩法的選擇上，除了依寶寶發展階段，也要先從過程簡單的按摩法開始，等寶寶習慣之後再逐漸複雜。

●在雙方都放鬆的情況下進行

整個按摩可說是一個親密接觸的過程，所以，在按摩者與被按摩者無法放鬆的情形下進行，很容易受傷，也會讓效果減半，父母親在按摩進行前要先檢查自己是否處於緊繃狀態，可先深呼吸再慢慢吐氣，待放鬆後再進行按摩。

●增加按摩樂趣能增強效果

為了讓寶寶更容易進入狀況，也可以採取遊戲的方式，配合按摩者的表情或播放輕柔的音樂協助幼兒放鬆，但是千萬不要在看電視或聊天時進行按摩，以免干擾寶寶。

●按摩時要專心

寶寶的觸覺十分敏感，按摩者的態度及專注與否，寶寶都能感覺得到，所以，在按摩時要將心神專注在寶寶身上，寶寶也才能安心地按受，也可以藉此建立彼此的信賴度。

●要小心控制施力輕重

寶寶的皮膚及體內各器官都十分柔弱，在按摩時要注意施力大小的控制，必要時塗抹適當的麻油、按摩霜或嬰兒油等，以增加潤滑度，可避免皮膚的傷害及不當施力。

運動應注意事項

●準備期

■確定寶寶身體狀況

雖然適合寶寶的運動並不會造成傷害，但是在進行之前還是要先瞭解他的身體狀況是否適合進行，是否有異常或疾病而導致不能做相關的運動，必要時和例行的健康檢查配合，以準確掌握寶寶情況，畢竟運動的最終目的是寶寶的健康，如果現階段適合進行某些動作，那麼就要等到寶寶可以時再做。

■決定開始時間

從新生兒開始就可以做一些撫摸及按摩，這也算是一種運動，只是寶寶的主動性較少，動作較屬於靜態，但是正好適合剛出生的寶寶。而從三個月大開始，身體反射作用逐漸減少，取而代之的是訓練有意識的動作控制，和一、二個月大時所做的按摩功用並不相同，所以，如果審視寶寶條件許可，從新生兒時期就可以先進行撫摸及按摩，一直持續到適合下階段的動作時，再加入新的運動。不管決定開始幫寶寶運動的時間點為何，要注意當時寶寶適合的運動是什麼，必要是可以先從前一階段的動作開始，對寶寶來說比較容易，可以減少排斥感。

■擬定計劃

不論年齡層，有計劃的運動是必要的，事先擬定計劃的好處在於執行上較有目標，也較能持久。擬定計劃時要將運動列入每天的例行工作，一來規律的排程對寶寶來說具有安全感，時間一到就知道要做運動，再者就是可以先準備好相關的資料，排好階段性的動作內容，父母也可以先行熟悉，才不會在實際執行因不熟

悉而造成反效果，最後，透過計劃可以先將所有運動的條件備齊，包括地點、時間、環境等，如此更能讓運動順利的執行。

■選定時間、地點

每天運動的時間要固定，以寶寶的作息作為規劃的指標，最好是在上午十點左右，因為這個時段的日照溫和，部分寶寶喜歡在洗澡前動一動，如果寶寶習慣晚上洗澡，固定在晚上運動也無妨，有些比較不容易入睡的寶寶則可以在午睡前進行，重點是吃東西後三十分鐘內不適合運動，當寶寶疲累、接近用餐時間、剛外出回來、沐浴後都要避免，因為運動的耗能大，不要讓寶寶太過勞累。地點的選定則是找一個日照充足的室內環境，安靜而不受干擾，讓寶寶能在享受日光浴的同時，也能專心的做運動。

■先熟悉日光和空氣

通常運動時寶寶身上穿著的衣物愈輕便愈好，甚至不穿，而有些動作可能不適合穿尿布，這對平常被緊密衣物包裹的初生嬰兒來說，是一種新的體驗，所以在尚未開始運動計劃前，可以先讓寶寶每天享受四到五分鐘的日光浴（僅膝蓋以下部位而且不可讓陽光直接照射皮膚），還要試著讓寶寶的身體先熟悉空氣，將胸部光裸一分半到二分鐘，之後再慢慢讓身體其它部位和日光及空氣接觸，等寶寶熟悉時就可以開始進行運動了。

●實際進行時期

■準備工作

1.幫寶寶做運動的人要先將雙手洗淨，如果怕手太過粗糙，平時就要塗抹護手霜或嬰兒油，在運動前也可以在手上灑少許的嬰兒爽身粉，寶寶身上則不需要。

2.在桌子、矮几或地板上舖上毯子（不可在彈簧床上），做爲寶寶運動的地方，如果寶寶未著尿布，則要舖上可以吸水的布墊，以防寶寶在運動過程中排尿。

3.檢測室溫，如果太低（低於十五度）則不可以裸體進行，要穿著內衣和尿布。在未著衣物的情況下進行局部動作時，可以用毛巾將其他部位蓋住。

■以寶寶為主導

1.**動作上的主導**：當寶寶愈來愈有行動力時，就會有自己的意志，所以儘可能順著寶寶的意願動身體，如進行曲腿動作時，寶寶只想伸直，不願彎曲，那麼就順著寶寶的動作調整運動內容。

2.**情緒上的主導**：寶寶也會有情緒，當寶寶反應不佳，或情緒上抗拒，就要停止，等明天再進行，但是也要找出原因，是不是身體不適，或是做運動時父母力道太大等等，也可能只是累了需要休息而已。

3.**仔細觀察寶寶**：因爲是以寶寶爲主導，所以，在運動過程中父母要專注地觀察寶寶的表情變化、身體反應等，以瞭解寶寶的好惡，而能適時調整動作內容。

■具有節奏且平緩的動作

1.**平緩**：寶寶的肌肉、腦部神經細胞、大腦的運動中樞都尚未成熟，所以太過急促的動作，會讓整個運動系統來不及反應，或刺激太強，寶寶需要平和、緩慢、輕柔的動作來引導與學習。

2.**節奏**：運動的節奏性可以幫助寶寶體驗身體律動的規律，方便他接收訊息，而進一步模仿，就像體操的「1234」「2234」的節拍，也是幫助身體熟悉律動的方式。當寶寶還無法自主進行規

律的運動時，父母的動作若能具有和緩的節奏，寶寶就可以透過身體感受到，進而記憶、學習。

■ **堅定且持續地執行**

1.**持續**：要達到運動的功效，能持之以恆是相當重要的，斷斷續續的運動是一種時間上的浪費，對身體的助益有限。持續運動也是一種對寶寶的身教，透過父母的堅持，寶寶可以感受運動的重要性，與執行時所需的毅力和恆心，對寶寶生理、心理都有極大助益。

2.**堅定**：相信運動對寶寶的幫助，也相信及早建立運動習慣是必須的，而不斷地透過反覆練習教導寶寶正確的運動方式，這些都是父母該有的信念，也必須堅持的事。但是在堅持的過程中，可能會因不如預期而有中斷的念頭，或是太過急於看見成果而忽視寶寶的感受，這都要極力克服，想想當初進行運動的初衷，再看看寶寶的成長，就能更堅定自己的信念。

■ **適時的稱讚**

任何運動對寶寶而言都是新的學習與挑戰，當然也就會有挫折感，父母適時給予鼓勵與稱讚，對寶寶來說是相當重要的，不但可以建立信心，也將會是持續進行的動力，尤其是寶寶完成一個新的動作時，別忘了給予言語及表情上的讚賞，讓他更有興趣向新的動作的挑戰。

關於運動的程序及頻率

■ **依階段而行**

隨著寶寶身體機能，尤其是運動機能的發展，運動也有其階段

性，就像是協助翻身的運動，一定是先於協助爬行的運動，有其先後順序，不可毫無章法地幫寶寶做運動。不過，階段性的動作可因寶寶的機能狀態，加速或延緩進行，例如發現寶寶的手臂及腿部肌肉已做好爬行的準備，那麼即使階段性動作尚未有相關訓練，還是可以提早進行，但是寶寶若還是無法接受，就必須停止。

■彈性調整運動過程

整個運動過程在設計時雖然有其順序，但也不是一成不變，不需墨守成規，畢竟所有的活動設計都是針對平均值，是一個大致的標準，並不是絕對，所以彈性調整出寶寶最能接受的過程，比按部就班來得具有成效。

■依需求增減頻率

每一個運動的次數也是依照平均值所擬定，因此，當寶寶倦了，可以減少次數，而寶寶興緻勃勃時，也不要掃興，可以增加次數，但為了避免運動過度，增加次數以原先平均值的50～60%為限，例如原本只要做20次的運動，最多只能再增加10次到12次，而且整個運動過程，一天一次就夠了，每次約二十分鐘到一小時（依寶寶狀況而定）。

●禁忌！特別注意！

■未事先做好準備

父母在進行運動之前，一定要相當熟悉現階段寶寶的運動程序、功用、目的、正確的方法等，才能確保執行時的安全與效率。最好也能充分瞭解前後階段的動作，可以做為彈性調整的依據，例如三個月的寶寶若無法接太大的動作，那就先做按摩等，

這些都是需要父母們事先準備好，才能彈性運用，如果在一知半解的情況下進行，則可能會造成寶寶身體上的傷害，以及對運動的懼怕，所以，在幫寶寶做運動前，父母們要先做好功課。

■ 猶豫或膽怯

父母若對自己的動作抱持著懷疑、猶豫甚至是膽怯的態度，就會動作僵硬、不自然，那麼寶寶也同樣會害怕而不願意配合。所以，當父母們對將進行的動作不熟悉或不信任，甚至害怕對寶寶造成傷害，那麼就不要進行，最好仔細研究相關資料，或向專業人員諮詢後再做。

■ 勉強進行

對不熟悉肌肉運動的寶寶來說，運動是一件成長上的大事，所以，讓寶寶自動而且樂意進行是運動的最大目的，倘若不顧寶寶的意願而勉強進行，就失去了運動的真義，也會抹煞父母原本的美意，再者，情緒不佳時，身心各機能的發展及學習效果都會大打折扣，因此，與其強迫寶寶而壞了運動的興致，不如等到寶寶身心狀況良好時再進行。

■ 太過急躁

每個寶寶的成長發育有快慢之別，運動的目的只是在幫助寶寶成長，而不是要藉此加快寶寶的發展腳步。運動的鍛鍊，是訓練適合寶寶發育的生理機能，強化當時正發展的運動能力，一切以寶寶的實際狀況為基礎，而不是強制完成該階段的動作，或是提早練習下一階段的動作。當寶寶做得不如預期時，首先要檢討動作的難易度是否適合，還是方法上錯誤，或是寶寶尚未做好準備等，千萬不可躁進，必要時可以延後進行，因為寶寶才是主體。

■不適合運動的情形

當生病或身體有異常現象時，是不適合做運動的，例如發燒、皮膚或骨骼肌肉有發炎現象、先天性心臟病、疝氣、腸套疊等，最好是經過醫師診治確定可不可以做例行運動，再決定要中斷或繼續，生病時的偶而運動也能增強抵抗力，幫助早日恢復健康，但前提是不可太過疲累，畢竟充分的休息是復原的不二法門。

遊戲應注意事項

●遊戲重點在過程而不是結果

不論在運動或益智等類的遊戲，在成人的定義中常有其一定的目標要達成，但是對寶寶而言，遊戲本身即具有成長上的意義，儘管結果未到預期中的成效，甚至脫軌發展山出另一種遊戲，都不可以用結果論來要求寶寶或是評斷遊戲的成敗，因為寶寶遊戲的重點在過程而不是最終的成果。

也因為如此，父母在為寶寶準備遊戲時，最好有幾個備案，可以隨著寶寶的注意力轉移而更換遊戲的方式，以「找東西」為例，可能原始設計在於讓寶寶熟練「物體恆存」的概念，或是

「記憶力」，但在過程中也許寶寶對遮住東西的「布」較感興趣，那就不妨讓寶寶進行「裝扮遊戲」（當披風或裙子等），或者是與觸覺相關的遊戲（摸一摸、搓一搓）。

和寶寶遊戲，尤其是一歲前的寶寶可以能很快就會轉移注意力，或是喪失興趣，這時就不要再堅持原先規劃的遊戲步驟，而破壞了寶寶遊戲的興緻，反而會讓原先的美意喪失，讓寶寶因此而產生排斥感。

●遊戲以適齡、樂趣為重

「望子成龍，望女成鳳」是父母們不可避免的期待，尤其是近幾年「學習要趁早」的教育觀點大行其道，沒有人希望自己的孩輸在起跑點上，也因此連坊間許多玩具及遊戲設計都一再強調智能的提升、激發學習潛力等，這種寄予厚望的心態本無可厚非，但若是施予寶寶過大的壓力，那就有可能愛之適足以害之。

通常太過急切的父母常會犯了二種錯誤，一是給予不適齡的遊戲，一是忘了遊戲的本質在於樂趣。適齡性對寶寶是相當重要的，給予超齡的玩具或是遊戲要求不但會造成寶寶的挫敗，也可能因此排斥這一類的活動，也或者徒增父母的沮喪、挫折感而已，例如，當寶寶手部精細動作尚未發展時，要寶寶疊積木，可能只是自討苦吃。

而遊戲在冠上學習的大帽之後，許多父母就將遊戲本身的趣味列於次要地位，但這也是徒勞無功的，因為失去了趣味的遊戲無法吸引寶寶，也就無法達到學習的目的，「寓教於樂」是最高的理想，但若是在二者中擇一，愈年幼的寶寶，就愈是必須選擇樂趣，因為對事物的好奇及興趣正是寶寶們學習的動力，若不能讓

寶寶樂在其中，再好的提升智能遊戲，都是毫無意義的。

●成人應扮演的角色

成人應是遊戲的觀察者：成人在幼兒遊戲中擔任重要的觀察者角色，所觀察的階段從對寶寶能力發展的觀察，以便提供適齡的玩具及遊戲方式，還有在遊戲過程中的觀察，看寶寶的反應及態度，才能給予適時的協助，並且觀察遊中的安全性及延伸性。

成人應是遊戲的引導者：透過觀察挑選適合寶寶的遊戲之後，接著就是找尋適當的機會帶領寶寶進行新的遊戲或操作新玩具，對於可以寶寶自己進行摸索的部分，成人只需觀察而不需太急於介入，但是寶寶若因無法順利操作或進行遊戲時，則要給予引導，以免增加寶寶的挫折感，至於介入時機的拿捏，端賴平時的觀察及對寶寶的瞭解，才不會不早介入造成寶寶日後缺乏主動探索的精神，而太慢介入可能會讓寶寶失去興趣。而一開始就必須要引導的遊戲，成人可以先做示範，讓寶寶模仿或是引起興趣，一旦寶寶能自行主導遊戲的過程及節奏，成人就必須放手將主導權還給寶寶。

成人提供安全的遊戲環境：除了在硬體佈置給予寶寶一個安全的活動空間之外，成人對遊戲安全的維護還包括寶寶操作新玩具及新遊戲時所可能的傷害，因寶寶較缺乏危機意識所可能造成的危險等等。

成人在參與遊戲時也要投入：寶寶的感受是十分敏銳的，和寶寶一起玩遊戲時，所抱持的態度是虛應一下或是全心投入，都會影響遊戲進行的品質及成效，也會影響寶寶的情緒及習慣，尤其是零歲的寶寶能否擁有豐富的遊戲經驗，父母親和寶寶的互動是

主要關鍵，參與遊戲的積極度、關懷的表情、語言等，都能促進寶寶投入的程度與安全感，更能引起寶寶的興趣。

●安全問題

遊戲的安全是最重要的，在室內環境的佈置、戶外場所的選擇、器具的安全規則，甚至成人身上物品的安全性，都必須注意。

室內環境方面，要特別注意傢俱或擺設物品是否有尖銳的稜角、地板是否太硬或太滑、是否有易落物品會造成寶寶的傷害等。

玩具要注意是否有合格驗證（ST安全玩具標誌）、尺寸不可過小以免寶寶吞食、定時清潔防止病媒孳生等。

成人和寶寶接觸時要注意身上物品，如手錶、皮帶、戒指、耳環、髮夾等，要先行取下，以免無意中傷害寶寶。

第三章　爸爸媽媽一起來玩

新生兒

●當寶寶的大玩偶

　　新生兒階段的寶寶，其實對人比較感興趣，身旁的人可說是寶寶的「大玩具」，因為人會動也會說話，還會抱他。不過，還是可以在距離寶寶三十公分處懸掛顏色鮮豔、明亮的玩具，因為這個時期的寶寶容易被聲音及移動的物品吸引，固音色柔和、會轉動的音樂鈴相當適合此階段，但要注意變換音樂鈴的位置或寶寶臥躺的方向，以便讓寶寶換不同的用度看。

從三個月到一歲的運動

■1.手臂交叉運動

　　適齡：三到五個月

　　目的：強化肩部肌肉

　　次數：六、七次

　　過程：

　　A.讓寶寶仰臥，握住媽媽雙手姆指。

　　B.媽媽其餘手指輕握住寶寶的手腕下方。

　　C.輕輕地將寶寶雙手左右分開，肘部伸直。

　　D.再慢慢地將寶寶雙手移到胸前曲肘交叉。

E.再重覆雙手分開、交叉的動作。

■注意事項

A.不要讓寶寶的肩膀高聳，離開床面或地面。

B.抓握寶寶的手指要避開腕關節，要抓手臂前端，不要太用力，寶寶會不喜歡。

C.進行中，寶寶如果不想作交叉動作，不要勉強，略作休息再試。

■2.腳踝運動

適齡：三到五個月

目的：強化腳部肌肉

次數：左右各四、五次

過程：

A.寶寶仰臥，媽媽站在寶寶頭部同側處。

B.右手握住寶寶右小腿，將他的腳舉至和身體成九十度角。

C.左手四根手指放在腳心，姆指在腳背夾住寶寶的腳，扳直寶寶的腳面，左右重覆幾次。

D.接著，媽媽再用雙手同時拿住寶寶的腳踝，讓寶寶的腳心併攏，再將腳朝外轉，各做四到五次。

■注意事項：

這個動作要緩慢，不可急躁。

3.懸空趴腹運動

適齡：四到六個月

目的：強化背部、肩膀肌肉

次數：一次

過程：

A.寶寶趴臥，腳朝媽媽方向。

B.媽媽雙手從寶寶腹部兩側伸到寶寶腹下，直到無名指相碰為止。

C.姆指撐開，放在寶寶的肋骨下方或腰骨附近。

D.將寶寶身體輕輕平舉，成懸空趴臥，寶寶就會抬頭。

E.數到十就放下。

■注意事項：

注意調整雙手位置，讓寶寶身體保持平衡。

■4.上身坐起運動

適齡：四到六個月

目的：強化身體肌肉，特別是前頸肌與腹肌

次數：二、三次

過程：

A.寶寶仰臥，腳朝媽媽。

B.讓寶寶輕臥媽媽的姆指，其餘手指輕扶住寶寶手腕。

C.將寶寶的雙手向內轉，垂直上舉。

D.輕拉寶寶的手，讓他的頭、肩膀離地抬起。

E.讓寶寶自己肘部用力，保持這姿勢五、六秒，再輕輕地讓寶寶躺下。

■注意事項：

A.寶寶的雙手距離不可比肩膀寬，動作要緩慢輕柔。

B.如果寶寶只是被動地被拉坐起，而且手無力前伸、頭部低垂，表示還不適合這個動作，必須延後再進行。

■5.背部前進運動

適齡：六到十個月

目的：學會用腳支撐身體，訓練寶寶利用頭和腰部的肌肉做踢的動作。

次數：二、三次

過程：

A.寶寶仰臥，腳朝媽媽，膝蓋彎曲，腳底貼地。

B.媽媽的手握住寶寶腳背，讓寶寶自己將膝蓋打直，頭部就會往前移動。

C.媽媽再將寶寶膝蓋彎曲，重覆上述步驟。

■注意事項：

如果寶寶沒有做踢的動作，可以讓寶寶的腳心在地面滑行，讓膝蓋更彎曲。

■6.上身前曲運動

適齡：十到十二個月

目的：強化背肌

次數：二、三次

過程：

A.寶寶在高處背靠著媽媽站立（約方便媽媽攔腰抱著的高度）。

B.媽媽右手抱緊寶寶膝蓋，左手抱住下腹部。

C.放一個玩具在寶寶前方（寶寶彎下腰就可以拿到的位置）。

D.讓寶寶上身前曲撿起玩具，媽媽的手要用力固定寶寶身體，以免往前摔倒。

E.寶寶撿到玩具之後，告訴他站起身子，讓寶寶自已用力將身體站直，重覆上述步驟數次。

F.等寶寶熟練，放在腹部的手下以慢慢往下移，最後只要雙手扶住大腿和膝蓋即可。

■注意事項：

A.這個動作要等到寶寶會站立的時候才可以進行。

B.寶寶的身體一定要固定好，否則當寶寶撿玩具時會往前傾倒。

■7.下蹲運動

適齡：十到十二個月

目的：強化下肢肌肉

次數：二到四次

過程：

A.寶寶和媽媽面對面站著，讓寶寶握住媽媽的雙手或二人同抓一個圓環。

B.告訴寶寶「蹲下」，並幫助寶寶做出正確姿勢。

C.等寶寶會蹲的時候再告訴他「站起來」。

■注意事項：
A.如果寶寶不懂「蹲」的意思，就要先示範給寶寶看。
B.媽媽的手可以幫助寶寶上身不倒，也能使寶寶動作正確。

身體發育的遊戲

●觸覺的遊戲

■摸一摸（四個月大左右即可進行）

準備各種不同材質、不同粗細的物品，例如棉布、有毛的娃娃（長毛、短毛）、光滑的製品、粗糙的墊子、菜瓜布等，讓寶寶觸摸，媽媽可以在旁以語言解釋物品的觸覺，如粗粗的、滑滑的、軟軟的、硬硬的等，或是介紹物品的名稱，也可以介紹各個物品的名稱。

■滾滾看

在洗澡前後，可以讓寶寶光著身體在不同質料的被子、浴巾或墊子上滾動，讓寶寶以全身的肌膚感受不同質感的觸覺，在進行時要注意保暖，滾動的速度不要過快，被子或墊子的質料也不要太過粗糙。

●聽覺的遊戲

　　三個月大的寶寶可以試著在不同的方向對新生兒說話，或是時常哼唱輕柔的歌曲、播放音樂等，如果能有計劃地提供各種不同節奏、音調的音源，如鈴噹、有聲音的玩具、輕輕的拍打聲、豆子滾動的聲音等，可以刺激寶貝的聽覺發展及辨識能力。

　　六個月大的寶寶除了還是多唱歌、多說話給他聽外，可以提供更多種類且具有聲音的玩具，讓他從搖動、壓擠出聲音中得到樂趣，也同時刺激他的聽覺中樞對聲音與物體的聯結與分辨，這時已經可以試著說簡短的故事給他聽。

　　從在一歲之前，就可以在說話的同時配合一些簡單的動作，如招手及「來」，拍椅子及「坐」等，加強寶貝對語詞意義的理解，等到孩子滿一歲的時候可以逐漸脫離動作的聯結，從語言就能理解意思，例如當聽到「去找媽媽」，他就會開始尋找，而一歲的孩子可以提供更多具有意義的故事，但不要太過複雜以免太難理解而讓孩子失去興趣，若能配合圖像刺激則更佳。

●視覺的遊戲

零到十二個月是寶寶視力發展最快速的階段，這個時期若能給予適當的刺激，對日後的視力發展有很大的幫助，而隨著視力的發育，有不同的遊戲方式。

■零到二個月

寶寶還無法自由轉動頭部，但是可以感受到光源，所以除了要經常更換寶寶睡覺的位置之外（不要讓他固定一個方面）。因為這個時候的視線是模糊不清的，可以藉由光線的明暗來刺激寶寶的明暗辨視能力。方法是阻斷來源約一分鐘，然後再給予光源約一分鐘，明暗交替進行十分鐘左右，每天二至三次。注意是以整個房間的光、暗交替，而不是一個單點的光源明暗。

■二到四個月

將安全玩具放在寶寶伸手可及的地方，讓他可以用手碰觸，但是要注意不要將玩具固定放在同一邊。這個時期開始可以辨視顏色的差異，可以利用對比的顏色給予刺激，例如黑白格子的布、輪廓簡單的黑白圖片、二至三種顏色對比鮮明的圖卡或物品等，將前面這些物品（一次一樣就好）展示在寶寶前二十到三十公分處，每次約三十秒，時間不要太長。

■四到六個月

開始建構生活上具體物品的視覺經驗，可以多提供顏色鮮豔的實物，蔬果、用具等；父母做事的時候可以讓寶寶在旁觀察，幫助寶寶視力集中及觀察力；儘量提供紅、藍、黃三原色的物品、圖片或玩具，也可以懸掛在嬰兒床四週，對寶寶的色彩視覺發展有助益。

■六到八個月

這個階段的寶寶具有驚人的視覺記憶能力，可以多提供圖片或小書，也可以和寶寶玩捉迷藏的遊戲，刺激他的視覺和記憶能力。由於追視能力在這個階也日趨成熟，可以用滾球或會跑動的玩具訓練寶寶這方面的能力。

■八到十二個月

可以開始進行視覺與名稱辨認的遊戲，方法可以是父母主動指稱物體的名稱，也可以在寶寶用手碰觸某項物品時告知名稱，或者以圖片方式也可以。這個時候可以結合藏東西的遊戲，例如先告訴寶寶手上的物品名稱，再用手帕或小箱子蓋住，然後問他：「××在哪裡？」，寶寶可以自行尋找。還有動態的追逐遊戲，將物體拋出較大範圍，讓寶寶自己爬行追逐，或者讓寶寶自行玩「丟和追」的遊戲，結合視覺和肢體動作，可以刺激協調性。

●靈活手部的遊戲

■撕紙

當易破的紙張放在寶寶伸手可及之處，十之八九會被撕得精光，玩得十分開心，大人們雖然氣急敗壞，卻無法對無辜的小手生氣。寶寶會撕紙可說是精細動作發展上的重要階段，首先他要能握得住紙張不再掉落，而且還能兩手協調一起將紙張或撕或扯，因此，看似具有破壞力的撕紙遊戲不但可鍛鍊寶寶的小肌肉群，還可培養他思考遊戲意義的能力。平時可以準備一些乾淨的廢紙讓他撕扯著玩，紙張可多樣，由薄到稍厚，由大到小，讓寶寶享受獨自玩耍的樂趣。

■捏麵糰

玩粘土不僅可以促進寶寶手指動作的靈活度，也可以讓寶寶發

揮想像力及創意，但是年紀較小的的寶寶可能看到色彩鮮豔的黏土會想嚐嚐看，而會有誤食的危險，不妨以麵粉、水、食用油、食用色素調製成麵糰，同樣具有黏土的效果又安全。

■豆子遊戲（七個月大）

準備一些乾淨的的豆子讓寶寶撿拾，藉以訓練拇指與食指的對捏拾取細小的物品，這一精細動作有利於促進大腦功能發展與手、眼的協調。剛開選用較大豆類如蠶豆、毛豆、花豆等，也可用鈕扣、棋子等代替，依寶寶的手指靈活度更換較小物品，進行此遊戲時，大人一定要全程看護，避免寶寶誤吞。

智能的遊戲

●物體恆存的遊戲

■躲貓貓一（四個月大）

拿一條大手帕蒙住自己的臉，然後問寶寶：「媽媽呢？」讓寶寶尋找數秒後，就扯下臉上的手帕，寶寶會很高興，熟悉後就會開始想要掀開手帕，因爲他知道媽媽在手帕的後面。當媽媽臉上蒙住手帕時，一定要和寶寶說話讓他知道你在身邊，因爲寶寶最怕看不到媽媽會因此而大哭起

來。

■躲貓貓二

把乾淨手帕輕輕放在寶寶臉上，第一次只要一、二秒就要拿開手帕以免寶寶會不知所措，之後幾次可以握住寶寶的手幫他把手帕拿開，多次練習以後，他就逐漸學會自己拿下手帕了。等寶寶熟悉後，他就會拉被子將自己遮起來，再打開和大人玩了。

■躲貓貓三（八個月）

將藏起來的對象改為玩具，可藏於身後或是用布及箱子蓋住，讓寶寶找出東西在那裡，剛開始寶寶還會有所困或不知如何找起，可以將玩具用透明的布或物體遮住，讓寶寶能看到，等習慣掀開遮蔽物找東西時，再以不透明的布等覆蓋。

■躲貓貓四

等寶寶會爬或走時，就可以將躲貓貓的範圍擴大到整個房間，或是安全的戶外，但是要注意留下線索，也就是讓寶寶看見躲藏的動作，或者是要以聲音引導寶寶找尋的方向，等寶寶找到時要記得給予讚美。

● 因果概念遊戲

■ 我丟你撿（約六個月大以後）

這個時期的寶寶很喜歡玩「我丟你撿」的遊戲，任何東西都可以被他拿來「做實驗」，與其氣急敗壞地和他周旋，不如利用這個時候準備不同材質、輕重的物品，讓他真的做實驗，例如布、球、塑膠製品、鐵製品、羽毛、塑膠袋、紙片等安全且不易破損的物品，讓寶寶感覺不同物品的重量及落地的速度、聲音，不僅可以滿足他因果實驗的需求，還可以藉此培養寶寶的觀察力。

■ 泡泡瓶：搖一搖就會有泡泡（約七個月大之後）

用保特瓶或小塑膠瓶（一公升以下），裝水約三分之一，再加入容易起泡泡的洗碗精或沐浴乳後，再將瓶蓋鎖緊，讓寶寶用手搖動或滾動，就會產生泡泡，這會讓寶寶十分好奇，如果可以添加一點顏色更能吸引寶寶注意，也能讓寶寶察覺，當泡泡不見了只要再搖搖瓶子就可以製造出泡泡了。

● 模仿力遊戲

■ 回聲

聲音的模仿是語言學習的基礎，平常除了以不斷重覆的介紹讓寶寶學習詞彙外，其它非語言聲音的模仿遊戲也會讓寶寶十分好奇，例如動物叫聲的模仿、具有節奏的發聲等。還有一種方式就是由大人當寶寶的回聲，學著寶寶所發出的聲音，建立一種模仿上的默契，以後寶寶也會模仿大人的聲音。

■ 請你跟我這樣做

八個月左右的寶寶開始會有意識地模仿大人的言行舉止，因此在日常生活要特別重視身教外，還可以和寶寶玩肢體動作或配合

聲音的模仿遊戲，不論是一般最常見的動作如拍手、揮手等，或是豐富的表情變化，還是隨著音樂扭動身體，寶寶都可以跟著大人一起做，這類的遊戲還可以訓練寶寶的觀察力、專注力以及記憶力。

●專注力遊戲

■看看我（三個月左右）

　一歲以前寶寶的專注力最多只能維持十到十五分鐘，三個月大的寶寶如果能專注在一件事物上長達三分鐘，就難能可貴了，所以，從三個大開始就可以用一些玩具或動作吸引寶寶，並且延長他的專注力，例如吹顏色鮮豔的汽球、專心和寶寶近距離說話、手指偶或布偶的操作等，只要引起寶寶的興趣，就可以慢慢加長時間，讓寶寶養成專心的習慣。

■獨自玩耍

　一次只給少樣玩具，讓寶寶任意把玩如杯子、鍋蓋、湯匙等，讓他摸一摸、敲一敲，甚至放倒嘴裡嚐一嚐。儘可能不要去打斷遊戲中寶寶的專注情緒，讓他長時間獨自專注於一種遊戲或一個玩具中，慢慢將時間延長，這樣可以培養他的專注力及思考能力。

●自然科學的遊戲

■澡盆的遊戲

　　幾乎每個寶寶都會喜歡在澡盆裡盡情地玩水，可以提供寶寶一些玩具或容器，讓寶寶初步體驗水、空氣、浮力等現象，例如將容器壓進水中會引起氣泡、倒水讓水車轉動、部分玩具會浮在水上而有些會下沈等，在玩的過程中，寶寶就已經開始做物理實驗了。

■親親大自然

　　多帶寶寶到戶外活動，接近自然環境，也可以做一些簡單的觀察及收集，例如看毛毛蟲爬行、聽小鳥的叫聲、摸一摸大樹、在草地上滾一滾、收集不同形狀的樹葉、在雨天看彩虹等，累積寶寶自然生活的經驗，不需要長篇大論的知識灌輸，因為親身經歷，就會慢慢產生興趣及疑問，一但開始問為什麼，學習之輪就會開始啟動，對一歲以前的寶寶而言，豐富多元化的體驗，就是最好的學習。

冬之卷

Volume4

阿護

搖子日落山，抱子金金看，你是我心肝，驚你受風寒。

（台灣童謠 節錄自盧雲生作詞「搖嬰仔歌」）

第一章 健康檢查――解讀寶寶手冊之二

新生兒篩檢

●什麼是新生兒篩檢？

　　新生兒篩檢是「新生兒先天代謝異常疾病篩檢」的簡稱。由於先天代謝異常在嬰兒期症狀表現不明顯，因此必須藉助新生兒篩檢來作早期發現，早期治療。

　　在人體的基因內常會隱藏了一些遺傳性疾病，尤其先天性代謝異常疾病，在母體胎內無法檢驗出，往往在出生數天到數週後才發病，若延誤了診斷及治療，常造成兒童終身智能或身體殘障、生長發育遲滯、甚至死亡，對父母親而言可說是精神、物質雙重負擔。不但如此，這種先天異常的致死率，甚至高居台灣地區新生兒及嬰兒死亡原因的第一、第二名。

　　為了避免先天異常所造成的遺憾，透過新生兒篩檢，可以掌握最佳的治療時機，讓寶寶可免於終生智能不足或身體殘障。某些先天代謝異常疾病若能在嬰兒期早期診斷和開始治療，其實可以

得到和正常人一樣的生活。

●篩檢疾病的標準及認知

一般而言，醫療院所在新生兒出生並進食四十八小時後，即主動由腳跟採取少量血液作為檢體，進行健保局所給付的篩檢項用，目前有六項主要篩檢的病症：先天性甲狀腺低能症、苯酮尿症、高胱氨酸尿症、半乳糖血症、葡萄糖-6-磷酸去氫瓷缺乏症（俗稱蠶豆症）、先天性腎上腺增生症 。

其實，新生兒代謝或罕見疾病不下數十種，而之所以只針對前述六項做篩檢，有其經濟效益及預防效果的考量，這些疾病有幾個共同的特徵：它們的臨床症狀在新生兒期通常不明顯，但如不能在新生兒期間及早發現而立即加以治療，即可能造成身心發展障礙；這些先天代謝異常疾病一旦檢查出來，可以施予特定治療方法並且有療效。篩檢這些先天代謝異常疾病的方法經濟而且可靠；這些先天代謝疾病的發生率相對較高，有篩檢的價值。

也因此，父母對新生兒篩檢應有以下的認知：新生兒篩檢並不等於全身健康檢查，而是只針對六種（目前）代謝異常疾病進行檢驗，所以，並不能檢查出所有代謝或罕見疾病，而新生兒篩檢正常也不表示沒有其他身體器官異常。

當接到新生兒篩檢結果是疑陽性的通知時，請不必過於緊張，只要遵照指示，儘速至原出生醫院採血複檢，或至指定的轉介醫院接受進一步之診斷及治療。換個角度來看，幸好早期發現，在和醫師的配合下，讓寶寶獲得更好的治療及照顧，也就能及早給寶寶一個健康成長的機會。

目前台灣篩檢疾病及異常處理列表

新生兒篩檢	異常原因
先天性 甲狀腺低能症	1. 甲狀腺生長不正常：包括無甲狀腺、甲狀腺發育不全或異位甲狀腺。 2. 甲狀腺激素合成異常：如下視丘腦下垂體甲狀腺低能、碘缺乏或母親服用甲狀腺藥物。
苯酮尿症及 胱氨酸尿症	1. 屬於新生兒胺基酸代謝異常疾病。 2. 體內某些酵素缺乏或不足，影響胺基酸代謝過程。
半乳糖血症	1. 無法將半乳糖經由正常途徑轉變為葡萄糖。 2. 屬遺傳性碳水化合物代謝異常症。
葡萄糖-6-磷酸 去氫酶缺乏症 （俗稱蠶豆症）	紅血球中缺少 「葡萄糖-6-磷酸鹽 去氫酶所致。
先天性 腎上腺增生症	1. 體染色體隱性遺傳疾病，最常見的原因是位於第6號染色體上面的羥化酶基因有缺陷。 2. 發生率約八千分之一，是新生兒期最常見的腎上腺疾病。

影響（症狀）	處理（治療）
表情癡呆、小鼻、低鼻樑、皮膚及毛髮乾燥、哭聲沙啞、臍山氣、腹鼓、便秘、呼吸及餵食困難、延續性黃疸及生長發育障礙（二～三個月大以後才慢慢明顯）。	給予適量的甲狀腺素補充 注意： 1.三個月開始治療，約有80%的嬰兒會有正常的發育和智能，愈晚效果愈差。 2.到五～六歲時才開始治療，除了智能發生障礙，亦難有正常的身材，會顯得異常矮小。
.會造成腦和中樞神經系統永久性的傷害，引起智能的不足。 .都屬於「體染色體」隱性遺傳疾病，遺傳再發生率高達四分之一。	1.控制新生兒的飲食：如能盡早使用特殊配方奶粉，禁食一般牛奶，則有希望正常的發育。 2.其它的治療飲食，需要小兒科醫師和營養師的追蹤調配。
.體內積存大量的半乳糖。 .餵乳數天後，才發生嘔吐、昏睡、體重不增加、肝臟腫大、黃疸等。 .症狀較輕者會有生長發育障礙、低智能、白內障、肝硬化等情形。 .嚴重者常因感染而死亡。	1.改用豆奶餵食新生兒。 2.禁食含有半乳糖的食品如牛奶及乳製品。 3.如在新生兒期及早發現，治療效果相當良好。
.每一百個新生兒當中，就有三個病例，男性又較女性為多。 .新生兒期會造成黃疸，嚴重的會腦性麻痺，進而使新生兒死亡。	預防勝於治療。 1.不能接觸樟腦丸、紫藥水。 2.不能吃蠶豆及某些藥物。 3.一旦接觸或服食上述物品，會引起溶血性貧血，造成危險的併發症。
.腦下垂體的過度刺激，引起腎上腺的增生肥大，導致男性荷爾蒙的過度分泌。 .使男嬰陰莖肥大，或使女嬰男性化，如陰蒂肥大或兩側外陰唇黏合。 .外陰性別不明（陰陽人）最常見的原因。	1.一輩子補充激素。 2.嚴重缺乏者要服用腎上腺皮質素和留鹽激素。 3.中輕度缺乏者只要服用腎上腺皮質素。 4.女嬰外生殖器官的男性化表徵必須以外科手術治療。

生命的第一個春夏秋冬　冬之卷‧呵護
Caring for Your Baby

■篩檢結果查詢系統

　　一、台大醫院新生兒篩檢中心

　　　（一）語音查詢系統

　　　電話號碼：(02)2331-0209

　　　（二）全球資訊網（WWW）查詢系統

　　　網址http://nbs.mc.ntu.edu.tw/

　　二、中華民國衛生保健基金會

　　　網址http://www.ppac.org.tw/

健康檢查

●健康檢查的重要性

　　預防永遠是維護健康的上策，以優生保健的觀點來看，要哺育健康的下一代從婚前健康檢查、產前檢查，到出生後的新生兒篩檢，重重關卡，無不爲了避免先天遺傳上的遺憾，而長期性的健康檢查，不只是延續「早期發現，早期治療」的精神，更是確保健康的重要指標。

　　嬰幼兒的發育快速，身體的可塑性亦強，所以，在這個階段的健康檢查（或稱兒童預防保健）更顯得重要，許多疾病及發育上的異常，都必須掌握這個黃金時期（三歲之前）進行治療或矯正，通常都能因此得到最大的改善效果，甚至能因此接近一般成長的標準值，或是完全治癒，而錯過了生理發展上的黃金時期，就必須花費更多的時間、精力以及費用，無疑是一種社會資源上的浪費。

　　因此，從寶寶一出生，父母就應規劃好健康檢查的時間，並確實執行，真正做到預防疾病的保健工作。

●善用健保局兒童預防保健

為了能夠早期發現生長發育異常的孩子，並給予以適當的轉介及診治，全民健康保險提供四歲以下的兒童六次免費兒童健康檢查服務，透過健康檢查服務，以及有關兒童生長發育與預防保健的健康諮詢服務。

健保局所提供的六次健康檢查分別為：未滿一歲給付四次，每次間隔二至三個月；一歲以上至未滿三歲給付一次；三歲至未滿四歲給付一次；四歲以下的兒童一次。

檢查的項目包括：身體檢查——病史查詢、身高、體重、聽力、視力、口腔檢查、生長發育評估等；健康諮詢——預防接種史查詢、營養、事故傷害預防及口腔保健等。（詳細內容可參閱「兒童健康手冊」中「全民健康保險兒童預防保健服務之給付時程及項目表」）

父母們應多多利用健保所給付的兒童預防保健服務。此外，部分縣市另有增加給付次數，如台北市另增加二到三歲、四到五歲、五到六歲三次，若配合健保局給付次數，則台北市出生的寶寶在六歲之前，除第一年有四次免費健檢外，每一年都可做一次健檢，共計六次。所以，父母們可以諮詢寶寶戶口所在縣市的衛生單位，以瞭解相關兒童福利，並善加利用。

● 健康檢查應注意事項

■ 事先做好健檢排程

寶寶出生的第一年，是最需要父母們仔細觀察照顧的一年，為了掌握寶寶每一階段的發展，事先規劃好健康檢查的時間，依「兒童健康手冊」中建議的時程，即一個月、二至三個月、六至七個月、九至十個月，推算寶寶的月齡，並且配合預防注射，明

確地排好日期，記錄在「兒童健康手冊」，或是月曆等明顯的地方。

　　一歲到六歲雖然健保只給付二次，最理想的狀態還是每年進行一次健康檢查，如果可以，一直到青春期之前能定期健檢。

■慎選健檢兒科醫師

　　部分醫師因為患者多或過於忙碌，進行健檢時間有限，無法針對家長的問題一一討論，所以在挑選健檢醫師時，應尋找配合度較高，能仔細檢查、詢問，而且能詳盡地回覆父母相關問題的專業兒科醫師，若是由日常看診的兒科醫師執行檢查也是不錯的選擇，因為可以掌握日常的狀況，更能針對個別需要健檢，不過，同樣的，在選擇家庭兒科醫師前，不妨多方打聽，找一個真正符合寶寶需要的醫師。

■詳細觀察寶寶成長狀況並記錄

　　一歲以下的寶寶之所以需要二、三個月即進行一次健檢，除配合預防注射之外，更因為這一年寶寶的成長快速，稍有疏失，容易造成身體發展上的變異，因此，在平時父母親即需要仔細觀察寶寶的變化，並且記錄下來，日後若有發育上的問題，就有資料供醫師做為診斷的參考，而透過日常的記錄，也能讓父母們更容易掌握孩子的健康情形，一但有特殊情況，也能及早發現。

　　寶寶的成長記錄也是健檢前需完成的工作之一，

通常健檢前醫師會要求父母先完成「兒童健康手冊」中「家長記錄事項」部分，以做爲健檢的參考，當然，除了手冊上的記錄，平時也可以自行準備一本冊子，依照寶寶階段性的成長，逐一記錄，不只是爲了健康，也算是日後珍貴的收藏。

●彈性調整寶寶健檢時間

前面所提事先規劃好健檢時程，當安排好的日期接近時，應視寶寶的狀況、醫師看診時間，做彈性上的調整。以寶寶狀況而言，身體極度不適，如高燒等，應先請醫師診治後，再詢問醫師健檢的可行性；如果寶寶想睡、肚子餓、配合度不佳時，不要強迫進行，以免影響檢查時的準確度，或是讓寶寶留下不好的印象，日後容易排斥。

而醫師看診時間部分，最好挑選看診人數不多時進行，如此醫師更能從容地檢查，父母們也比較能和醫師討論育兒相關問題，並能針對改善寶寶健康狀況尋求醫師的建議。

醫‧師‧小‧叮‧嚀

■其他篩檢項目

除一般健檢項用，隨著寶寶的發育，必要時得進行其它分科的篩檢，確保寶寶正常發展與健康。

1.聽力篩檢——目前已針對三歲半到四歲學童進行篩檢工作，未就學者也應於四歲前進行篩檢，若未能通過篩檢者，需儘快進行更精細的檢查，以便進行早期治療。

2.視力檢查——檢查重點在於斜弱視等視力異常，以及近視防治等，三歲到五歲是視力異常的矯正關鍵期，應定期做相關檢查。

3.口腔保健——寶寶長牙時就應幫寶寶潔牙，在情況許可下，更應定期進行口腔檢查，預防齲齒。

第二章　預防注射——解讀寶寶手冊之三

預防注射的重要性

●預防注射的醫學根據

　　預防接種的原理是利用人體免疫系統對抗外來入侵物時所產生的反應，人體在接觸抗原之後會產生抗體，一般注射的都屬於減毒性或無毒性疫苗，即是毒性減弱，但是它的抗原組織構造依然不變，將研製的抗原打進人體之後，促使人體內產生抗體，因而產生免疫的效果。

●預防注射益處

　　預防注射是嬰幼兒保健最具成效的措施，也成功遏止流行病擴散與漫延，減少流行病致死率。台灣從施行預防注射以來，已成功地讓天花絕跡，並且降低小兒麻痺、百日咳、白喉、腦炎等病例，即可看出預防注射已成功地達到預防醫學的效果。

預防注射的注意事項

●時間排程

　　1.為了讓疫苗能達到最佳的效果與反應，父母們最好能夠依照「兒童健康手冊」中所建議的注射排程。

　　2.疫苗注射的時間可以延後，不可以提前。

　　3.漏打疫苗可以在徵詢醫師意見之後補種，若是時間拖延過久，可能效果會不如預期，或是必須依疫苗種類調整施打次數及頻率。

　　4.要注意二劑以上的疫苗間隔時間，如果相隔太久，必要時得重新施打疫苗。

5.如果重覆接種相同的疫苗，只是造成資源上的浪費，所以請妥善保管預防接種記錄。

●注射前的準備

1.事先查詢預防接種的時間，並配合健康檢查以確定寶寶適合接種。

2.記得攜帶寶寶的相關證件：兒童健康手冊、B型肝炎注射手冊、健保IC卡、戶口名簿等。

3.讓寶寶穿方便健檢及注射的衣物，如果天氣寒冷要注意保暖，以免在途中受涼。

4.準備玩具、開水或小點心等於注射後安撫寶寶的情緒。

5.在注射之前若能詳讀相關資訊，瞭解注射疫苗的禁忌、接種後可能出現症狀等事項，可以事先針對有疑問處向醫師提出諮詢，也可以掌握寶寶的反應，適時處理，才不致於手忙腳亂。

健保給付的預防注射（資料來源：行政院衛生署）

●B型肝炎免疫球蛋白及B型肝炎疫苗

B型肝炎帶原者較易發生慢性肝炎、肝硬化甚至肝細胞癌。因

此，預防肝炎感染，就等於預防可致人於死之肝硬化、肝癌。

■ B 型肝炎疫苗的注射方式

需按時接種四劑疫苗。母體若爲高傳染性帶原者，嬰兒需於出生24小時內加注射一劑 B 型肝炎免疫球蛋白。

■嬰兒注射 B 型肝炎免疫球蛋白之禁忌

有窒息、呼吸困難、心臟機能之不全、昏迷或抽痙、發燒等嚴重病情者。

■嬰兒注射 B 型肝炎疫苗之禁忌

1.出生後觀察48小時，認爲嬰兒外表、內臟及生活力不正常者。

2.有窒息、呼吸困難、心臟機能不全、嚴重黃疸（血清膽色素大於15mg／ml），昏迷或抽痙等嚴重病情者。

3. 有先天性畸形及嚴重病情者。

4. 早產兒出生一個月後，即可注射。

●卡介苗

結核病是經由飛沫傳染，是目前台灣人數最多的法定傳染病，感染過結核菌的人中，每10人就有1人會發病，發病的病人，每1人在一年內可以傳染10至15人，值得重視。

■認識卡介苗

目前在國內使用乾燥活性減毒卡介苗來預防結核病，一般主張新生兒在還沒受到感染時接種卡介苗，以便產生對結核病的抵抗力，並可避免造成結核性腦膜炎等嚴重症狀，一般對初期症候的預防效果可達85%以上。

什麼情況不宜接種卡介苗？

1.發高燒。

2.患有嚴重性症狀及免疫不全者。

3.出生時伴有其他嚴重之先天性疾病。

4.新生兒體重低於2,500 公克時。

5.可疑之結核病患，勿直接接種卡介苗，應先做結核菌素測驗。

6.嚴重濕疹。

■接種卡介苗後之反應及注意事項

1.接種後7～14天在接種部位有紅色小結痂。

2.紅色小結痂逐漸長大，微有痛癢，4～6週可變成膿泡或潰瘍，不可擠壓或包紮，只要保持清潔，用無菌紗布或棉球擦拭即可。

3.經2～3月潰瘍自然癒合，有時同側腋窩淋巴腺會腫大，可請醫師檢查。如果接種部位腫脹厲害有感染情形時，則請醫師診治。

●白喉百日咳破傷風混合疫苗（ＤＰＴ）

百日咳一般容易侵犯五歲以下的兒童，一歲以下小孩佔死亡病例的75%，尤其是小於六個月的嬰孩。白喉通常發生在十五歲以下且未接種白喉疫苗者，致死率10%。破傷風死亡率高達50%以上，尤其是新生兒及五十歲以上的老年人死亡率最高。

■認識三合一疫苗（ＤＰＴ）

三合一疫苗（ＤＰＴ）是利用破傷風和白喉桿菌所分泌出來的外毒素，經減毒作成類毒素並與被殺死的百日咳桿菌混合製成。如果要對這三種疾病有好的抵抗力，幼兒要在一歲內接種三劑三

合一疫苗,並在一歲半再追加一劑。

■什麼情況不能接種三合一(DPT)疫苗?

1.發高燒。

2.患有嚴重疾病者,但一般的感冒不在此限。

3.病後衰弱,有明顯的營養不良。

4.患有心臟血管系統疾病、腎臟、肝臟疾病者。

5.患有進行性痙攣症或神經系統可能有問題者,但已不再進行的神經系統疾病,如腦性麻痺等,則不在此限。

6.對疫苗的接種曾有嚴重反應者,如痙攣等。

7.正使用腎上腺皮質素或抗癌藥物治療者。

8.六歲以上。

■接種三合一疫苗後可能發生的反應及注意事項

1.接種局部常有紅腫、疼痛的現象,兩天內可能會有輕度發燒、全身不適,偶有食慾不振、嘔吐、輕微下痢症狀,通常2～3天會恢復。

2.每330人中可能有1人會發燒40℃或以上,可

請醫師處理。

3.少數人在接種部位會發生膿瘍，父母必需注意觀察，如接種部位紅腫、硬塊不退或持續發燒，則必需請醫師處理。

4.另外每100人約有1人可能出現持續性的哭鬧3小時以上，每900人中有1人有異常尖銳的哭鬧。

5.有一些較少見到而嚴重的反應，如11萬人中偶爾發現一個是比較嚴重的腦部神經問題，31萬人中有1 個屬於永久性的腦病變，所以要注意，如果小孩經醫師診斷不能接種疫苗時，就必需遵照醫師的建議。

●小兒麻痺口服疫苗

小兒麻痺症是小兒麻痺病毒感染後引起的急生脊髓灰白質炎。其中部分的人會因病毒入侵中樞神經系統而引起非對稱性下肢或上肢的弛緩性癱瘓，甚至造成吞嚥或呼吸肌肉的麻痺而死亡。

■認識小兒麻痺疫苗

目前用來預防小兒麻痺的疫苗有兩種，一種是採注射方式的死病毒疫苗或稱爲沙克疫苗，另一種是採口服式的活病毒疫苗，又稱爲沙賓疫苗，目前我國是選用沙賓疫苗。

沙賓疫苗只要口服（不能注射），使用方便，預防效果也很好且持久，不但會產生抗體，也可以產生咽頭及腸管的局部免疫，可以預防野生株病毒的繁殖及排泄，而且接種後會經由大便排泄散佈到周圍沒有免疫的人，而得到間接免疫的效果。

■不能使用口服疫苗的情況

1.發高燒。

2.免疫能力受損者。

3.接受腎上腺皮質素或抗癌藥物治療者。

4.*孕婦。*

■**注意事項**

1.口服疫苗使用前後半小時暫時不吃任何東西。

2.當兒童患腸胃病時，最好延緩服用。

■**接受口服疫苗後可能發生的反應**

1.一般並沒有什麼反應，偶爾有輕微的腸胃症狀，但不能確定是因接種疫苗所引起的。

2.接種口服疫苗後，約三百萬人有一名會發生麻痺的機會。

●麻疹疫苗

麻疹是一種急性、高傳染性的病毒性疾病，通常經由空氣傳染，較嚴重者會併發中耳炎、肺炎或腦炎，而導致耳聾或智力遲鈍。

■**認識麻疹疫苗**

目前在國內所使用的麻疹疫苗為活性減毒疫苗，預防效果可達95％以上，最好在 9個月大時接種一劑，於15個月大時再追加一劑麻疹腮腺炎，德國麻診混合疫苗（ＭＭＲ）。

什麼情況不能接種麻疹疫苗？

1.患有比感冒還嚴重的疾病者，但一般的感冒患者，不在此限。

2.免疫能力不全者。正使用腎上腺皮質素及抗癌藥物者。

3.*孕婦。*

■接種的注意事項

如曾經注射過免疫球蛋白、血漿或輸血，則要等3 個月以後才能接種麻疹疫苗，以免疫苗失效。

■接種後可能產生的反應

1.接種部位可能有局部反應，如紅斑、熱或腫脹。

2.接種者約有10～15％在接種後4～10 天，會輕微發燒，並可能持續2～5天。

3.偶而會出現疹子、鼻炎、輕微的咳嗽或柯氏斑點。

4.約有百萬分之一的機會因接種麻疹疫苗而引起亞急性腦炎。

●水痘疫苗

水痘俗稱「水珠」，一般好發在3～9歲的孩童，當孩童得過水痘後，通常可以終生免疫，但有導致繼發性細菌感染與腦炎等併發症的危險性；成人特別容易出現肺炎與腦炎等併發症；孕婦得到水痘，可能影響到嬰兒；免疫功能不全的病人得到水痘，有很高的死亡率。

■認識水痘疫苗

水痘疫苗屬於「活病毒」，它是運用皮下注射方式，將微量經減毒後的水痘病毒注入體內，刺激身體自然產生水痘抗體。其功效經追蹤結果顯示，在接種二十年後，人體仍具有水痘皰疹病毒的抗體和細胞免疫力。

■什麼情況下不能種水痘？

1.對其他疫苗過敏者。

2.嚴重發燒病患。對Neomycin(新黴素)全身性過敏者。

3.淋巴球指數小於1200/mm3。

4.每日服用類固醇大於2mg/kg或生醣型腎上腺皮質類脂醇（prednisolone）大於20mg/kg。

5.接受輸血或是免疫球蛋白者。

6.長期服用阿司匹靈類藥物以及孕婦。

■接種的注意事項

1.注射水痘疫苗需年滿一歲以上，而十二歲以下的孩童，醫師建議只需注射一劑；十三歲以上則建議注射兩劑，兩劑間隔六至十星期。

2.水痘疫苗可以和其他疫苗在同一天或間隔任何時間施打，接種部位需不同。惟與麻疹、德國麻疹、腮腺炎疫苗，若不在同一天施打，則必須間隔一個月以上。

3.水痘疫苗注射之後大約七至十四天就會產生抗體。

■接種後可能產生的反應

1.少數出現局部腫痛的副作用，經過二至八週的潛伏期以後，也可能有輕微的發燒與水痘發作，但是發生率很低。

2.與自然的水痘病毒一樣，疫苗的病毒也可能潛伏在體內，在免疫功能低下的時候（例如化學治療、老年人），病毒再活化而表現成帶狀泡

疹，但是其症狀比自然的水痘病毒感染爲輕。

●麻疹腮腺炎德國麻疹混合疫苗（MMR）

腮腺炎俗稱"豬頭肥"，有高比例病童產生腦膜炎及腦炎或聽覺受損。若在青春期受到感染，易併發睪丸炎或卵巢炎，可能影響生育能力。德國麻疹可併發關節炎、神經炎、血小板減少、腦炎。若在懷孕早期受到感染，會導致胎兒流產、死胎或畸型。

■認識麻疹－腮腺炎－德國麻疹疫苗（ＭＭＲ）

MMR是利用組織培養製造出來的活性減毒疫苗，使用皮下注射，對三種疾病的預防可達95％以上，並可獲長期免疫。在15個月大時接種效果最好。

■什麼情況下不能接種ＭＭＲ疫苗

1.患有嚴重疾病者，但一般感冒不在此限。

2.免疫不全者包括使用腎上腺皮質素或抗癌藥物者。

3. 孕婦。

■接種的注意事項

1.成年女性接種三個月內應避免懷孕。

2.如曾注射過免疫球蛋白、血漿或輸血、則要等3 個月後才能接種，以免失效。

■接種後可能產生的反應

1.局部反應很少，偶有暫時性關節痛。

2.與麻疹疫苗一樣在接種後第五至第十二天，偶有疹子，咳嗽、鼻炎或發燒。

●日本腦炎疫苗

在台灣日本腦炎多半只在夏天發生，九歲以下小孩較容易感染，但感染年齡有提高趨勢，死亡率10～30%，20～30%造成終身運動殘障或精神病患，是相當嚴重的傳染病。

■認識日本腦炎疫苗

日本腦炎疫苗為一種不活性病毒疫苗，如果要得到最好的免疫效果，必需在一定的時間內完成三劑的基礎疫苗接種，國小一年級再追加一劑。

■什麼情況下不能接種日本腦炎疫苗？

患有比感冒還嚴重的疾病者，如發高燒。

■接種日本腦炎疫苗後可能發生的反應

1.因為不活性疫苗反應較小，局部反應在接種部位有發紅、腫脹、疼痛。

2.偶有全身反應，如發燒、惡寒、頭痛及倦怠感，經2～3天會消失。

3.發生嚴重的反應機會很低，約百萬分之一，而導致死亡之機率約千萬分之一。

自費預防注射

●A型肝炎疫苗

A型肝炎的傳播途徑主要為「經口傳染」的「病從口入」方式，衛生條件差的地區如東南亞、中國大陸等為高感染地區，台灣因環境條件很久未出現大流行，1968年後出生的人大部分沒抗體。

目前美國不建議2歲以前接種，畢竟幼兒感染A型肝炎危險性

低，且在都市型生活的幼兒感染機率小，但是外食比例高者，則建議接種。

接種方式：週歲以上，需施打二劑，二者間隔六到十二個月。

●B型嗜血桿菌疫苗

B型嗜血桿菌好發於五歲以下孩童，可能導致全身性的感染或局部感染，如敗血症、肺炎、腦膜炎、蜂窩組織炎、急性會厭炎、關節炎、中耳炎等，其中腦膜炎，如未能及時治療，死亡率很高，治癒後也可能造成聽力障礙、智力受損等永久性的腦部傷害，西方國家列為例行接種項目。衛生署考慮擴大兒童常規預防注射的項目中，b型嗜血桿菌疫苗是優先選擇的種類。

接種方式：因接種的時間及劑型不同，有不同的接種時程，請洽詢接種醫師，一般接種2至3劑，六歲以上則不需要。

●新型三合一疫苗

免費三合一疫苗副作用發生的比率較高，新三合一疫苗

只抽取百日咳病菌部分的有用成份來製造疫苗，根據試驗的結果，能夠有限減低發燒、紅腫和疼痛等副作用的產生。

接種方式：二、四、六個月和一歲六個月的嬰幼童，共四劑。

醫‧師‧小‧叮‧嚀

目前也有合併「b型嗜血桿菌疫苗」成「四合一疫苗」，「五合一疫苗」則是再加上「注射型小兒麻痺疫苗」（相較於口服型，注射型安全、安定性高，且無患小兒麻痺之副作用，但成本高，無法形成群體免疫）。

●流行性感冒疫苗

流感病毒分別為A、B、C三型，其中A型和B型常造成感染。嬰幼兒或老人因為容易產生併發症，包括：中耳炎、鼻竇炎和細菌性肺炎等，需特別注意。

接種方式：流感疫苗必須每年接種一次，這是因為疫苗接種一年後，其保護抗體會明顯下降，而且每年流行的病毒可能不一樣。嬰幼兒只要滿6個月以上便可接種，不過7歲以下的兒童第一年必須接種二劑，其中需間隔一個月，才能發揮良好的保護效果。一般而言接種後具有70％至90％的保護效果。

附表

適合接種年齡	接種疫苗種類	
出生24小時內	B型肝炎免疫球蛋白	一劑
出生24小時以後	卡介苗	第一劑
出生滿3~5天	B型肝炎疫苗	第一劑
出生滿1個月	B型肝炎疫苗	第二劑
出生滿2個月	白喉百日咳破傷風混合疫苗	第一劑
	小兒麻痺口服疫苗	第一劑
出生滿4個月	白喉百日咳破傷風混合疫苗	第二劑
	小兒麻痺口服疫苗	第二劑
出生滿6個月	B型肝炎疫苗	第三劑
	白喉百日咳破傷風混合疫苗	第三劑
	小兒麻痺口服疫苗	第三劑
出生滿9個月	麻疹疫苗	一劑
出生滿十二個月	水痘疫苗	一劑
出生滿1歲3個月	麻疹腮腺炎德國麻疹混合疫苗	一劑
	日本腦炎疫苗	第一劑
	日本腦炎疫苗(每年3月至5月接種)	隔兩週第二劑
出生滿1歲6個月	白喉百日咳破傷風混合疫苗	追加
	小兒麻痺口服疫苗	追加
出生滿2歲3個月	日本腦炎疫苗	第三劑
國小一年級	破傷風減量白喉混合疫苗	追加
	小兒麻痺口服疫苗	追加
	麻疹腮腺炎德國麻疹混合疫苗	追加
	日本腦炎疫苗	追加
	卡介苗疤痕普查(無疤痕且測驗陰性者補種)	

資料來源：「兒童健康手冊」

第三章　嬰幼兒常見問題及狀況處理

黃疸

●關於「黃疸」

膽紅素是紅血球的代謝產物。當紅血球老化破壞時，血紅素會游離出來，經代謝後產生膽紅素，膽紅素由血液運送到肝臟，代謝後由膽管排泄於腸子內。黃疸造成的原因是血中膽紅素的堆積，而造成體內膽紅素濃度上升的結果，就形成黃疸。百分之九十的華裔新生兒會有生理性黃疸，比西方人高，可能是因為肝臟內酵素成熟較慢之故。

●可能成因

1.生理性：新生兒可能因紅血球壽命較短，以致累積的膽紅素增多；或肝臟機能尚未成熟，不能及時代謝膽紅素，以致堆積在體內；或腸肝循環能力強，使得由肝臟處理過而排泄到腸內的膽紅素被再吸收到血液中，所以較容易產生黃疸，這一類的黃疸稱為「生理性黃疸」。生理性黃疸通常膽紅素不會過高，在黃疸高峰時期膽紅素值常可達到11至12毫克左右，但很少超過15毫克。

餵食母乳的寶寶黃疸可能會持續較久，因為母乳中含有一種女性荷爾蒙，會抑制肝臟酵素的活性，使膽紅素的代謝較慢，若實在擔心黃疸偏高，可以停餵母乳1、2天，黃疸會很快下降，以後仍可繼續餵哺母乳。

2.病理性：新生兒若因母子血型不合（丈夫為Rh陽性妻子為Rh陰性且非第一胎寶寶，或是丈夫為A、B、AB型妻子為O型且子女為A或B型）、血腫塊、感染、蠶豆症造成的溶血、新生兒肝炎、

膽道閉鎖等所造成的黃疸，稱為「病理性黃疸」，需要積極的治療。這一類的黃疸通常伴隨著高膽紅素症，即膽紅素超過15毫克，由於新生兒的血液與腦部阻隔網未完全形成，膽紅素過高則容易越過阻隔網而侵入腦部沈積，形成所謂的「核黃疸」，若未及時診治，則可能造成腦性麻痺。

● 症狀

1. **生理性黃疸**：大多數的寶寶在出生後第2到4天開始出現黃疸，使得皮膚、粘膜、白眼球等部位成深黃色，第4、5天左右達到高峰，而在第7到14天內消褪，不需特別治療。

2. **病理性黃疸**：因為高膽紅素之故，寶寶容易有食慾減退、活動力降低、嗜睡、微熱甚至是抽搐等症狀，膽汁滯留症患者（新生兒肝炎或膽道閉瑣症）排便會成淡黃色或灰白色（參照「兒童健康手冊」中「嬰兒大便顏色辨視卡」）。

■ 處理方式

1. 發現寶寶出院後黃疸現象日益嚴重，或是黃疸已引起食慾不振、活動少、微熱等

症狀，應立即就醫檢查，要特別注意的是核黃疸也如同生理性黃疸一樣會在10天左右消退，所以不可掉以輕心。

2.寶寶主要活動的地區（月子房）不可太過陰暗，以方便觀察寶寶的黃疸現象，而適度的日照也可以減輕寶寶的黃疸現象（採間接照射，要避開頭部）。

3. 病理性黃疸的治療包括有日光照射、藥物、交換輸血、甚至手術等，必須針對其致病原因來對症治療。

吐奶

●關於吐奶及溢奶、嗆奶

寶寶喝下的奶水由胃倒流出口，如果量少稱為「溢奶」，量多則速度快，甚至是噴射狀，則是「吐奶」。吐奶及溢奶都屬一歲以下寶寶常見的症狀。

此外，食道的開口與氣管的開口在咽喉部是相通的，當奶水由食道突然反逆到咽喉部時，容易奶水吸入氣管而形成所謂的「嗆奶」，如果量太大則會堵塞氣管，造成缺氧危及生命，而即使量少也可能直接吸入肺部深處造成吸入性肺炎，這是需要特別注意的情況。

●可能成因

1.**身體機能**：食道與胃交界處（賁門）有一括約肌，功能在於防止胃內容物反向流入食道內，一歲下的寶寶這部位的肌肉發育並不完全，所以只要胃內的食物稍多或壓力太大，很容易反流，當流速或速度太大時，就會到達口腔而吐溢出來。另外，寶寶的胃在結構上較淺，也是容易吐奶或溢奶的主因之一。

2.**飲食習慣**：飽食之後或餵食過多，造成腸胃負擔太大，胃內壓力增加，而且寶寶的食物多為流質較固體食物容易反流出來，最後就是寶寶的食量和成人相較起來，是大於胃的負荷量，所以容易吐溢。

3.**健康狀況**：感冒、生病或吃壞肚子，病毒或細菌在感冒時，造成胃腸功能異常，而一歲以下寶寶的胃腸尤其敏感，當胃受刺激或發炎時，胃分泌量增加引起胃脹、胃收縮，所以就容易嘔吐了。另外，氣喘、呼吸困難不順，或呼吸道阻塞時，也容易嘔吐。

4.**運動哭鬧**：咳嗽、哭鬧、扭動、劇烈運動時，會使腹部肌肉的收縮增強，使腹腔內壓力增加亦容易造成 吐奶現象。

●處理方式

1.**要等到嬰兒過餓時才餵奶**，餵奶前先為嬰兒做手、腳、和背部的按摩，使其先通氣後，再餵奶，餵奶時不能過急，餵奶後要讓嬰兒採直立姿勢，用手適力地由上而下為其按摩或擦拭肩胛骨，直到孩子打嗝、通氣為止。一般慣用以「拍打」來排氣的方式很可能會使寶寶緊張，讓脹氣的情形更嚴重，故不宜採用。

2.**少量多餐，適量的餵食**，以減少胃內所承受的壓力。使用奶瓶者要注意嘴孔適中，孔洞太小則吸吮費力，空氣容易由嘴角處吸入口腔再吞入胃中；太大則奶水淹住咽喉，易阻礙呼吸氣管的通路。餵食後，勿使寶寶激動或任意搖動。

3.**儘快改善咳嗽、呼吸不順、腸胃不適等症狀**，請醫師診治。

4.**當寶寶有平躺時大量嘔吐的情形發生**，迅速將寶寶臉側向一邊，以免吐出物因重力而向後流入咽喉及氣管。用手帕、毛巾捲

在手指上伸入口腔內請將吐、溢出的奶水食物大略及快速的清理出來，以保持呼吸道順暢，免得阻礙呼吸，鼻孔則可用小棉花棒來清理。若有窒息現象請儘快施行急救法並送醫。（窒息急救法參照本卷第四章「緊急狀況處理方法及應注意事項」）。

5. **如果嗆奶後寶寶呼吸很順暢，最好還是想辦法讓他用力哭泣（哭泣即是大量的呼吸）一下**，藉以觀察寶寶哭泣時的吸氣及吐氣動作，有無任何異常（如聲音變調微弱、吸氣困難、嚴重凹胸等），如有則即刻送醫。

嘔吐

●關於「嘔吐」

嘔吐是身體的一種防禦系統，目的在防止感染或去除毒素，一般不是很嚴重，除非持續嘔吐或經常性發生，則可能會造成體重減輕甚至脫水，也具有潛在的危險。

●可能成因

1. 病毒性的腸胃道感染最常造成嘔吐。

2. 二至八週的寶寶若每次喝奶都會出現噴射式的嘔吐，有可能是肥厚幽門狹窄症；而六個月到一歲半的寶寶若出現突發性嘔吐，臉色發白、痛苦地大哭（灌腸後出現如凍般的血便），就要考慮腸套疊的可能性，需儘快就醫。

3. 其它可能成因請參考「吐奶」。

●處理方式

1. 如果寶寶嘔吐現象已超過六小時，或是合併有腹痛、發燒或頭痛現象，需請醫師診治。

2.嘔吐後1.5～2小時內需先禁食，病理性嚴重嘔吐在禁食後需先以清淡液體開始，每10至10分鐘喝15到30毫升，之後再視身體反應逐量增加。

3.爲避免嘔吐物堵塞氣管，一有嘔吐現象請儘快讓寶寶身體前傾，若有窒息現象請儘快施行急救法並送醫。（窒息急救法參照本卷第四章「緊急狀況處理方法及應注意事項」）。

腹絞痛

●關於「腹絞痛」

腹絞痛一般好發於寶寶三週大到三個月之間，當寶寶腹絞痛時會腿彎曲、腹部脹氣、胃部（腹部）突起、激烈地哭泣。

●可能成因

1.**過敏**：部分寶寶是因牛奶或母奶過敏引起，所謂母奶過敏並不是指母奶本身，而是媽媽所喝的牛奶經由母奶而造成寶寶的腸明症狀。

2.**腸內脹氣及不正常蠕動**：部分研究認爲是由於大腸痙攣性蠕動所造成，但目前尙無定論。

3.**自主神經系統作用過強**：部分寶寶因爲自主神經系統作用過強，再加上中樞神經系統尙未發育完全，因此會有反應過度的現象的產生。

4.**母原病**：母親在懷孕時過度緊張或是寶寶出生後照時神經緊繃，讓寶寶易有腹絞痛的傾向，但也有研究指出，母親過度緊張與寶寶腹絞痛並無相關性。

●處理方式

1.讓寶寶以直立的姿勢趴在大人的身上，再用手力地由上而下為其按摩或擦拭肩胛骨，幫助寶寶排氣。也可以配合身體輕輕地搖動，安撫寶寶情緒。

2.可以放一些較為柔和，具有鎮靜效果的音樂。

3.如果是餵母奶者可以試著減少牛奶、含咖啡因或部分刺激性食物，如果是因母親飲食所引起，寶寶腹絞痛的症狀會在幾天內消失。

腹瀉

●關於「腹瀉」

腹瀉導因於腸子蠕動過多或失控，會有腹部絞動、水便等症狀，腹瀉時間過久或症狀嚴重時，體內的鹽分及水分會大量流失，甚至有脫水現象。餵母奶的寶寶每天會有5至10次的解便，是正常現象。

●可能成因

1.腸胃發炎或是對藥物反應（尤其是抗生素）。

2.感染大腸菌、沙門氏菌、霍亂弧菌等，最具代表性的是冬季盛行的輪狀病毒所引起的腹瀉。

3.部分上呼吸道感染會引起腸胃蠕動功能異常，而造成腹瀉。

4.離乳、斷乳期的寶寶因為適應新的食物及飲食方式，也會有腹瀉現象。

●處理方式

1.平時注意寶寶個人衛生，尤其是手部清潔，當寶寶會爬行時更要注意環境清潔，以避免感染。

2.如果寶寶一天的腹瀉少於5次，可以採一般較清淡的飲食方式。

3.如果腹瀉合併發燒、持續嘔吐、血便需儘速就醫。

4.不可過量或不經醫師指示使用止瀉劑。

5.必要時給予電解質液體以補充流失的鹽分及水分，但僅做爲水分補充，並無止瀉的療效，一歲以下寶寶請向醫師咨詢用量及方式，不可爲了補充水分而讓寶寶過度飲用電解質液體、果汁、運動飲料等。

6.腹瀉時容易引起臀部潰爛，所以要勤於更換尿布，如果可以最好以毛巾沾溫水擦拭，並保持乾爽（最好準備一個擦屁股專用的水盆及毛巾，用完後要保持乾燥，以免細菌孳生）。擦拭者在穿好尿布後必須充分清潔手及手腕，髒的尿布也要特別處理。

便秘

●關於「便秘」

　　沒有每天排便不代表便秘，部分寶寶（尤其是餵母奶者）2至3天才會排一次便，所以要判斷是否便秘應視排便的硬度而定，而非排便頻率。因此，如果寶寶排便乾、硬而且解便時相當痛苦，甚至會疼痛，那就有可能是便秘了。

●可能成因

　　1.水分補充不足、食量過小、奶粉不適合、離乳食品中纖維質太少等。

　　2.腸道蠕動過慢或蠕動能力差。

　　3.寶寶有忍住便意的習慣（常發生於大小便訓練之後，一歲以下的寶寶較少發生）。

●處理方式

　　1.因為母乳中含有大量腸內益菌，如果遇到寶寶便秘的狀況，可以增加餵食母乳的次數，而如果是母奶及牛奶混合餵食，可以增加母乳的比例。給予添加少量葡萄糖的冷開水，刺激寶寶腸子的蠕動，在平時也可以補充一些乳酸菌，平衡腸內菌種生態，也較不會便秘。

　　2.如果已開始吃離乳食品，多增加高纖的食物如蕃薯、麥片、黑棗等。

　　3.若飲食調整後便秘仍多次發生，或是便秘超過一星期，甚或有大便帶血的現象，則需要向醫師諮詢。

　　4.糞便過硬所導致的肛門撕裂傷，可以用沾了嬰兒油或橄欖油的棉花棒，幫寶寶將糞便挖出。情況真的很嚴重時，請諮詢兒科

醫師，必要時只好採用藥液浣腸。但是切記使用瀉藥、肛門塞劑或灌腸，需經醫師指示。

5.使用浣腸前最好在腸前端塗上凡士林或橄欖油，讓寶寶仰臥後身體側向一邊，將浣腸注入肛門後，用手指壓住寶寶肛門，待浣腸作用。

6.在肛門周圍塗上橄欖油可以刺激排便。

發燒

●關於「發燒」

發燒是一種防禦體內感染的症候，許多疾病的病媒菌只能在正常的體溫中生存，發燒時的高溫可以達到抑制或殺菌的效果，而且根據研究，發燒時白血球的活動力、吞噬細菌的能力等都會增強，可以強化體內的防疫功能，所以，當寶寶發燒時不需太過驚慌或急於退燒，要仔細觀察寶寶的變化，並找出原因，對症下藥。

●可能成因

1.**疾病**：因為病毒或細菌的感染，造成身體的發燒防禦反應。常見的有扁桃腺炎、咽頰炎、中耳炎、肺炎、腸胃炎、腦炎、玫瑰疹……等。此外，腦部疾病或受傷也會造成體溫調節中樞失調，因而引起發燒現象。

2.**環境**：寶寶因為體溫調節中樞較不成熟，對環境的度相常敏感，如果所處環境溫度過高，也會引起發燒，如中暑。

●處理方式

1.**究竟怎樣才算發燒？**通常小孩子的體溫較高些，且體溫值也會隨著測量部位不同而改變，甚至外在環境、情緒、運動或飲食

等也會影響體溫變化，所以，在寶寶洗完熱水澡後、哭鬧或疲累時，通常體溫會比較高。一般而言，標準的體溫為37℃，通常若以口溫、耳溫或肛溫測量超過38℃，腋溫超過37.5℃時，可能就是發燒了。

2.**測量體溫的部位不同，時間也不同。**量肛溫時需1至3分鐘，口溫需3分鐘，腋溫則需5分鐘，耳溫則僅需要2至5秒鐘。對寶寶來說，量肛溫較正確，但是寶寶容易排斥，量口溫不適用太小的孩子，，量腋溫是最常使用的方式，但是容易受衣著及流汗情況影響，近年來耳溫因為測量簡便而廣泛使用，但是需詳閱使用說明，以免影響準確度。

3.**發燒時要多補充水分，**也可以洗溫水浴來散熱，用酒清擦拭、冷水浴等急速降的方式，會讓寶寶身體無法承受，如果寶寶不喜歡睡冰枕，可以將冰枕放在旁邊幫助降溫（三個月以下的寶寶不可睡冰枕，應以水枕代替）。

4.**如果寶寶發燒時全身發燙，手腳溫熱，**那就是需要散熱，要注意少穿衣物，及室內溫度不可過高；若是手腳冰冷也猛打寒顫，那就要多添加衣物保暖，或是多蓋被子。

5.**以下的情況要儘速送醫；**三個月以下寶寶發燒、合併有其它如疼痛、咳嗽等；高燒（超過39℃），或持續不退；有痙攣發生……等。

6.**不要隨便給予退燒藥，**除非經過醫師指示，過量的使用退燒藥易引起肝中毒。通常在體溫38.5℃以上才吃退燒藥，有熱性痙攣的寶寶38.2℃就可以服用退燒藥，避免痙攣發生，而每一次服藥的間隔為4到6小時。口服藥後1　小時仍無法退燒，可以施以塞

劑（關於退燒藥使用，應於看診時詳細詢問醫師使用方式）。

熱性痙攣

●關於「熱性痙攣」

「熱性痙攣」顧名思義，是由發燒所引起的暫時性症狀，多發生在六個月至六歲的幼兒，其神經學檢查，包括腦波、腦斷層等檢查均屬正常。發生率約3～4%，且男童的發生率高於女童。

熱性痙攣通常在寶寶體溫急速竄升時發生，沒有任何預兆，而且多是「全身性」的發作，可能的症狀有不能控制的身體抽動、四肢僵硬、對外界沒有反應、眼睛上吊、嘴唇發紫、流口水等，發作的時間通常都很短，約50%少於3分鐘，6分鐘以下者佔80%，通常不會超過10分鐘，而且會自動停止。

熱性痙攣可以算是一種非常良性的臨床狀況，對生命的威脅性相當低，也不至於對腦細胞造成傷害，幾乎不會對小孩造成任何傷害與留下後遺症。

痙攣再次發生的機率約為30%，第一次發作的年齡愈小或是有家族史者，再發的可能性就愈大。

●可能成因

如果直系親屬中有人曾在幼兒期發生過熱性痙攣，則寶寶很可能會有此症狀。據統計，約30%病童的直系親屬曾有過熱性痙攣。而最常見引發熱性痙攣的疾病有上呼吸道感染、中耳炎、玫瑰疹、腸胃炎等。

●處理方式

1.當寶寶第一次發生熱性痙攣時，身旁的大人一定要冷靜，不

可慌張。

2.發生痙攣時最重的工作是預防寶寶受傷；為避免嘔吐發生時阻塞呼吸道，要將寶寶的頭部微微後仰並側躺；此時，寶寶會緊咬牙齒，不要將筷子、湯匙等硬物塞入寶寶口中，以免傷害了寶寶的口腔；不要一直搖動寶寶，只要靜待痙攣結束，並注意痙攣發生的時間長短，等痙攣結束後需先進行退燒處理（吃藥或塞劑），並就醫找出發燒原因。

3.第一次痙攣發作後，需請醫師診治，以確定是否為「熱性痙攣」，或是有其它因素，若在臨床上無法診斷為熱性痙攣，必要時得進行腦部及相關檢查。

4.在寶寶第一次發作後，若確定為熱性痙攣，為避免再度發生，遇到發燒情況時，腋溫超過38℃，耳溫或肛溫超過38.2℃，就必須吃退燒藥（平時可事先向醫師諮詢後準

備退燒藥劑）。

　5.當痙攣再度發生時，若之前已確定為熱性痙攣，要不要就醫可視情況而定，不過若有痙攣時嘔吐塞、未發燒即痙攣、痙攣結束後仍意識不清、痙攣超過10到15分鐘、痙攣持續發生或次數頻繁等任一情況，就要馬上送醫。

流行性感冒

●關於「流行性感冒」

　「流行性感冒」簡稱「流感」，好發於冬季，是由流行性感冒病毒所引起，極具傳染力，並且藉由飛沫傳染，經常會有某一地區同時多人患病的情形發生。目前部分流行性病毒如A型、B型流感可以約略預測出大流行時間，並且可事先注射疫苗防範。流感和一般感冒不同處，通常流感所引發的症狀較嚴重，甚至對抵抗力較弱的嬰幼兒，有致死的可能。

●可能成因及症狀

　1.**成因**：流行性感冒主要在人多擠迫的密閉環境中經空氣或飛沫傳播，亦可透過直接接觸患者的分泌傳播，所以在人口密集的公共空間感染的機率相當高，所以，如果寶寶在流感的盛行時期，出入人多的公共場所，或是家中有人患病，就很有可能被傳染。

　2.**症狀**：相較於一般感冒症狀，流感有比較嚴重的持續高燒、咳嗽、頭痛、喉嚨痛、鼻炎、食慾不振等，最明顯的差異在於全身肌肉痠痛無力，而一般感冒雖然也有併發肺炎等危險，但機率不高，而流感則有較高合併症狀的風險，如流感併發中耳炎、肺

炎、急性支氣管炎、心肌炎、鼻竇炎、腦炎等，尤其是嬰兒、老人、心肺疾病患者等抵抗力較弱的人。流感一般的潛伏期爲一至三日，症狀則可能持續七至十天。

●處理方式

1.**減少進出公共場所**，尤其是人潮擁擠的密閉空間，特別是一歲以下的寶寶，更應避免，家裡也要保持空氣的流通。

2.**常洗手**，注意個人衛生習慣，當家中成員有人感染時，請患者務必戴上口罩，並將有機會接觸飛沫的用具如茶杯、碗筷等分開使用，還有妥善處理鼻、口的分泌物，而且在處理完後務必以香皂洗手，以避免傳染給其它人。

3.**必要時施打流感疫苗**，於每年九月中旬至十月底前完成注射，才能在流感高峰期（十二月到隔年二月）達到預防效果。第一次施打疫苗，需施以二劑，之間相隔四週，從第二年開始，每年一劑即可，不過六個月以下的嬰兒不得注射，注射前也必須請醫師診視。

4.**當流感發生時，要多補充水分、多休息**，才能活化體內各器官的代謝功能，提高復原的能力。

咳嗽

●關於「咳嗽」

咳嗽是呼吸道對刺激物的一種反應，目的在於消除呼吸道內的分泌物或異物，可說是身體自發性的防禦機制，所以是無害的症狀，不是疾病。不過如果咳嗽太過頻繁或激烈，不僅會影響睡眠，也可能併發肺炎或氣胸，也是不能大意。

●可能成因

1.上呼吸道感染所引起的徵兆，也可能咽喉部的感染所產生（如哮吼）。

2.過敏也會引起咳嗽，一但接觸到過敏原就會引起咳嗽症狀，尤其是有過敏性鼻炎的寶寶常有鼻涕倒流的現象，因而導致咳嗽。

3.異物入侵或嗆入呼吸道，也會引發咳嗽的向我防衛現象。

4.劇烈運動、遇冷空氣、哭泣、早晚時刻也容易咳嗽。

● 處理方式

1.注意氣候變化及衣物的增減，早晚加強頸部的保暖，更換汗濕衣物時，要先擦乾汗水，並在無風處快速更換，避免受寒。

2.避免到通風不良、空氣不佳的場所，當空氣品質不好時（如沙塵暴）避免外出，平時也要少吃冰冷的食物，減少對呼吸道的刺激。

3.有咳嗽現象時，要多補充水分以稀釋黏液，寶寶尚不會咳痰，所以要幫他拍痰，幫助順利排出。

4.不要擅自服用止咳藥水，要經過醫師指示才可以。

5.因咳嗽時容易嘔吐，調整寶寶少量多餐，可以減緩因咳嗽嘔吐的症狀。

6.以下的情況要儘早請醫師診治：寶寶不到三個月有咳嗽現象；合併發燒、呼吸困難、胸痛、痰液呈黃綠色且濃稠等其中任一種症狀。

玫瑰疹

● 關於「玫瑰疹」

「玫瑰疹」是一種良性的疾病，很少有併發症或後遺症，以六

個月到一歲半最常見，不過兩、三個月大的寶寶，或是二、三歲的小朋友也都仍有可能會得到玫瑰疹。

●可能成因

　　1.**成因**：玫瑰疹也是屬於一種病毒感染，以皰疹病毒第6型及第7型最常見。整年都可發生，但在春秋兩季較爲明顯增多，不如麻疹、德國麻疹、水痘等疾病容易感染，因而地區性的流行極少發生。

　　2.**症狀**：最常見的症狀是發燒三天，溫度可高至攝氏39至40度，有時會引起熱性痙攣，但無大礙。也可能有輕微的咳嗽、流鼻涕之類的上呼吸道感染症狀，其最大的特性就是等到出現玫瑰紅似的細小斑丘疹時，發燒現象也隨之和緩，疹子從身體開始，再向臉部、四肢延伸，此時寶寶並不會有任何不適的現象。有的寶寶也可能發生腹瀉的情形，頸部的淋巴腺或許有一些腫大的現象，但通常不會影響寶寶的活動力。

■處理方式

　　1.玫瑰疹因爲沒有嚴重的副作用，所以不需要特別嚴格的預防措施，也沒有預防的疫苗，只要平時多注意個人衛生及環境清潔、飲食均衡、提高免疫力即可。

　　2.其他請參考「發燒」、「熱性痙攣」、「腹瀉」等相關症狀處理。

嬰兒猝死症（SIDS, Sudden Infant Death Syndrome）

●關於「嬰兒猝死症」

　　「嬰兒猝死症」就是指原本健康的寶寶無預期的死亡，而且找

不到眞正致死的因素，但可能與心臟及呼吸控制的成熟度相關。

「嬰兒猝死症」發生率約爲千分之一～三左右，不分人種、地域，在全世界都會發生。根據統計，北歐白種人較多，而東方的黃種人較少，醫療環境較落後的地區，也可能因爲診斷致死病因時的疏漏，而有較高的發生率。

一歲以下的寶寶都有可能發生「嬰兒猝死症」，甚至剛出生一、二週即可能發生，其中以二個月到四個大的寶寶最常見。

●可能成因

1.**睡眠**：大部份嬰兒猝死發生在午夜及清晨之間，也通常與睡眠有關，然而寶寶的睡眠原本就佔據大部分的時間，其相關性目前'尙無法證實，不過睡眠時寶寶的上呼吸道（咽喉及舌頭）的肌肉放鬆、塌陷，以致阻塞，因而呼吸阻力變大，呼吸肌肉疲乏而導致窒息也不無可能。此外，俯睡也比仰睡更容易猝死，可能成因在於俯睡的寶寶容易因沉睡而忘記呼吸、而三、四個月內的寶寶因控制頭部轉動的頸部肌肉較弱，萬一口鼻被外物掩蓋時，

不容易靠自己的力量把臉移開，哭喊也較不易被察覺，二、三分鐘後即會停止呼吸。

2.**空氣**：空氣流通問題最常發生在氣候寒冷的季節，為了避免寶寶受寒，通常門窗緊閉，如此一來，容易相互傳染病毒或細菌性的疾病，尤其是寶寶的上呼吸道（鼻孔、鼻腔、咽喉）及氣管又特別狹窄，很容易因感染、發炎、腫脹、及分泌物增加而致阻塞，再加上寶寶容易因呼吸困難而造成呼吸肌肉（包括橫膈膜及胸壁肌肉）疲乏無力，因而導致體內缺氧及二氧化碳堆積，因而窒息。另外，空氣品質也會影響寶寶呼吸，如較多油煙等，也容易造成猝死。

3.**室溫**：寶寶最適宜的室內溫度為攝氏25至30度左右，室溫過高會使寶寶如回復子宮內胎兒般呼吸動作微弱，而抑制其自發性的呼吸功能，也因此容易猝死。

4.**家庭**：社經地位較低者可能因環境、設備、衛生、照顧、營養、醫療方面等因素，而造成寶寶有較高的猝死率。有研究顯示家中有其它成員曾有猝死者，再次發生的機率偏高，如雙胞胎的發生率為一般的四十倍，而弟妹則為十倍左右，這可能是因某些神經系統及呼吸功能的遺傳特質有關所致，而有家族遺傳疾病者如心臟病等也會影響。

5.**母乳**：母乳內含有某些保護因子，少感染疾病，少產生過敏反應等，因此，以母乳哺育的寶寶較少猝死。

6.**母體**：母親懷孕時，如果有抽煙、喝酒、營養不良不均、濫用藥物的情況，造成胎兒發育上的不明缺陷，致使寶寶出生後容易猝死。

7.**寶寶本身**：寶寶本身的性別、健康狀況也會影響猝死發生率。就性別而言，男嬰的猝死率高於女嬰，可能是雄性激素會稍抑制呼吸或導致熟睡時不呼吸有關。早產兒也可能因器官發育較不成熟而有偏高的猝死機率。此外，容易嘔吐或溢奶的寶寶也容易在睡眠中猝死。

●處理方式

1.**事先預防**：針對寶寶的身體狀況進行充分的瞭解，特別是神經、呼吸及循環功能方面問題，則需儘早診治；在環境安排上，要注意室內空氣品質及流通問題、室溫控制不要過高、寶寶的床舖不可太軟等，必要時設置監視或監聽設備，隨時掌握寶寶的狀況；在照顧上則要注意三個月內的嬰幼兒勿獨自趴睡、寶寶的衣著宜寬鬆、最好以母乳餵食、若有鼻塞現象要處理等；多搜集相關資料，瞭解預防因應之道。

2.**發生時處理**：平時應熟練心肺復甦術（CPR）等嬰兒急救法，一旦發生呼吸停止現象即可馬上進行急救，並儘速送醫。

195

風車

女性健康管理機構

生理期階段性調理系列

WOMAN'S BEST FRIEND

月月脫胎換骨的轉機 初潮期與生理期

把握每一次生理轉機，
重視初潮期及
每一次月經前、中、後三期的生活調理，
再配合飲食調養，
可以協助改善體質的症狀，
調節女性生理期上種種不適，
同時也是使皮膚油嫩細滑的美容良機。

風車生理期三大特色

- ■ 唯一由專業醫師研發及主持
- ■ 唯一獲衛生署核准生理期滋補系列（衛中會食字第89001995號函）
- ■ 唯一生理期前中後完整階段性調養

相關產品

- ● 生理期階段性調理藥膳茶包
  可沖泡飲用或與雞肉、排骨烹煮。
- ● 生理期膳食外送服務
  依您指定的地點配送，另有素食專用。

🦋 風車女性健康管理機構　全省服務專線：0800-2828-69　網址：www.wgroup.com.tw

風車

養·生·茶·包

■能量養生茶包

天然活力飲　日日健康美麗

　　自然有機材料的能量養生茶包,每天使用1-2包,熱開水沖泡即可飲用,三分鐘即可補充所需的能力。讓您使用方便,健康不求人。

■孕媽咪養生茶包

最專業、方便的活力飲

　　採用自然有機物組合而成,味道甘醇可口,每日2～3次,熱水沖泡,即可以食用,補充多種維他命及鈣、鐵等孕期所需營養,增強體力及免疫力。調節孕期生理機能,促使新陳代謝順暢,減少疲勞,幫助睡眠、排便、排氣。

風車女性健康管理機構　全省服務專線:0800-2828-69　網址:www.wgroup.com.tw

▲預防腰酸背痛、強壯筋骨
養腰康

主要調配藥方～杜仲粉，可調整筋骨、恢復腎臟等功效，同時可以輔助治療腰酸背痛、關節痛的作用。長久以來被視為養生保健食品，特別是產後的調養，尤其是容易感到腰酸背痛的產婦，風車建議在產後第二週開始補充，更能改善酸痛情形。定價1500元，210顆/瓶。

▲產後重現平坦的小腹
腹帶

無論順產或剖腹產，都應該綁腹帶，而且最好是在生產後立刻使用至滿月，如果延至第三、四週才使用，效果將會大減。綁腹帶的好處：幫助產後小腹平坦、身材回復、預防產後皮膚鬆弛、內臟下垂、減少妊娠紋、幫助子宮收縮、改善手腳冰冷、治療腰痛，女性生理期與小腹突出體型者亦適用
附【使用說明】定價700元/條

書名 / 寶寶的第一個春夏秋冬

作者 / 郭純育、莊靜芬

發行人 / 郭庭蓁

企畫編輯 / Tina

美術編輯 / 趙琉璃

內頁插畫 / 曲曲

出版/風車生活股份有限公司

地址 / 110 台北市士林區天母北路 68-10 號

服務專線 / 0800-2828-69

網址 / www.wgroup.com.tw

印刷 / 和緣彩藝設計企業有限公司

總經銷 / 紅螞蟻圖書有限公司

114 台北市舊宗路二段 121 巷 19 號

出版日期 / 2014 年 7 月初版二刷

定價 / 新台幣 250 元

(如有破損或缺頁，請寄回本公司更換)

本社書籍及商標均受法律保障，請勿觸犯著作權法或商標法

國家圖書館出版品預行編目資料

寶寶的第一個春夏秋冬；從零歲開始培養未來

的競爭優勢／郭純育、莊靜芬著.——初版.

——臺北市：風車生活股份有限公司，2014〔民 103〕

面；　　公分.——（親親寶貝；B 001）

ISBN 957-98598-3-3(平裝)

1.育兒

428　　　　　　　　　　　　　　　93024146